燃烧发电系统能源高效清洁利用丛书

燃烧过程的在线场参数测量

On Line Measurement Techniques of Field Parameters in Combustion Process

周　昊　岑可法　编著

科学出版社

北京

内 容 简 介

本书围绕电站锅炉的安全、高效和低污染运行所需的关键参数测量需求，详细介绍多种燃烧过程在线场参数测量方法。全书共分为6章。第1章介绍燃烧关键参数在线状态表征的意义，包括场参数实时在线测量的现状；第2章介绍气固两相流动测量；第3章介绍火焰特性的在线参数测量；第4章介绍TDLAS和布拉格光栅；第5章介绍结渣及积灰过程的在线测量；第6章介绍飞灰含碳量的在线测量，重点介绍红外光源法和微波法。

本书介绍的燃烧关键场参数的测量是燃烧优化的依据和前提，可为能源高效清洁利用的研究人员、技术人员提供参考，尤其为电站锅炉设计人员、运行人员获得实时调控所需的关键过程参数提供测量方法。

图书在版编目（CIP）数据

燃烧过程的在线场参数测量 = On Line Measurement Techniques of Field Parameters in Combustion Process / 周昊, 岑可法编著.—北京：科学出版社，2019.1.

（燃烧发电系统能源高效清洁利用丛书）

ISBN 978-7-03-059273-6

Ⅰ.①燃… Ⅱ.①周… ②岑… Ⅲ.①燃烧过程–参数测量 Ⅳ.①TK16

中国版本图书馆CIP数据核字(2018)第246363号

责任编辑：范运年 / 责任校对：彭 涛
责任印制：张 伟 / 封面设计：铭轩堂

科学出版社 出版
北京东黄城根北街 16 号
邮政编码：100717
http://www.sciencep.com

北京建宏印刷有限公司 印刷
科学出版社发行 各地新华书店经销
*
2019 年 1 月第 一 版 开本：720×1000 1/16
2021 年 3 月第三次印刷 印张：14
字数：272 000
定价：118.00 元
（如有印装质量问题，我社负责调换）

"燃煤发电系统能源高效清洁利用丛书"序

大容量、高参数燃煤发电是目前煤炭资源最高效的利用形式，也是燃煤污染物集中治理最可行的技术途径，已成为大多数发达国家煤炭资源的主要利用方式。燃煤发电的技术进步，一直以提高蒸汽参数、增加单机容量、优化热力系统、提高发电效率和控制污染排放为主题，历经从低容量、亚临界到大容量、超临界和超超临界的发展，将来还有望在更高参数的超超临界发电技术上继续取得突破，燃煤发电效率可接近甚至超过50%。同时，燃煤发电污染物控制技术不断取得进步，可望达到比燃气发电更为清洁的排放水平。燃煤发电的功能也将更加丰富，除单纯的电力供应和热电联产之外，燃煤发电系统还可通过多过程匹配、能量梯级利用等途径，大规模接纳和吸收太阳能等可再生能源，大幅度降低对煤炭等化石能源的消耗，具有实现能效提高与清洁排放协同的巨大潜力。

燃煤发电是我国电力能源供应的重要保障，对实现节能优先的战略目标具有决定性作用。目前，我国已形成以大容量、高参数燃煤机组为主体的电源结构，燃煤发电与国际先进水平的差距显著缩小。但我国燃煤发电既面临多变煤质、复杂环境条件等恶劣运行条件的挑战，同时，我国的资源禀赋还决定了，在未来的新能源电力系统中，燃煤发电还需承担电力系统调峰功能，频繁偏离设计工况运行，因此，实现燃煤发电系统能源的高效清洁利用，面临重大的理论与技术创新需求和挑战。

近年来，基于我国大容量、高参数机组为主体的燃煤发电能源结构，在适应复杂多变煤质输入、承担电力系统深度变负荷调峰功能、大规模接纳可再生能源，以及燃煤污染物集中治理等前提条件下，围绕燃煤发电系统能源高效清洁利用，我国能源科技工作者从高参数能质输运关键单元过程、燃煤发电热力系统以及与环境资源耦合的角度开展了深入探索，取得了重要进展：

——**揭示燃煤发电燃煤化学能的安全、高效和清洁释放及热质输运规律，奠定高参数机组全工况高效运行和清洁排放的理论基础**。高参数电站锅炉的高效清洁燃烧机制，炉膛内气固多相燃烧的空气动力场、温度场、氧量场和固相浓度场的多场协同和精密组织，及其对大尺度燃烧空间的适应性，是保证炉内清洁高效燃烧的基础。伴随炉内低氮燃烧、易结渣腐蚀燃料和高温耐热钢的应用，相应产生炉膛高温腐蚀、结渣积灰，以及锅侧氧化膜脱落，已成为清洁高效燃烧和热能安全高效传递的主要制约因素。炉侧及锅侧介质的热力学状态精细表征、炉侧积灰及锅侧氧化膜的动力学生长特性的精确预测，以及对工质水动力学及传热特性、炉侧飞灰辐射传热特性、炉-锅耦合传热特性的深刻认识，是实现化学能清洁释放和热能安全高效传输的基础。

——**揭示燃煤发电系统能耗和污染物的时空分布，提出热力过程、污染物脱除和热工控制的多过程耦合及能量的梯级利用方法，解决全工况能量高效利用与清洁排放协同的核心问题。**燃煤发电机组容量不断增大，参数不断提高，其能耗和污染物迁移特性随机组负荷、煤种、环境及运行方式的变化更加复杂，对其时空分布的深刻认识，是高参数燃煤发电机组高效清洁运行的前提。燃煤发电机组关键换热设备、热功转换设备、流体压缩及输运设备全工况性能的揭示、燃煤发电系统中各种污染物随温度和湿度的变化规律，及污染物脱除流程和烟气余热利用过程之间的相互作用机制，是进行多过程匹配的基础。烟气、蒸汽、空气等多种介质流程的系统重构，燃烧过程、热质输运过程、热功转换过程、污染物脱除过程等优化匹配，以及热力系统与热工控制方式的耦合，是实现高效热功转换与污染物脱除协同控制的有效手段。

——**构建多输入多输出燃煤发电能量系统，借助太阳能等可再生能源与燃煤的互补输入，以及多种冷却方式耦合与余热高效利用，发展降低燃煤发电煤耗和减少污染物排放的有效途径。**太阳能-燃煤互补发电系统涉及光热转化、燃料化学能释放及热质输运和热功转换等复杂过程，揭示不同品位、不同容量太阳能输入对燃煤发电热力系统、过程和单元原有拓扑结构的影响机制，以及热力系统在外部非稳态热源输入条件下的复杂变工况特性，是构建多源互补输入发电系统的基础。揭示适应复杂环境条件、满足大规模热负荷集中排放需求的燃煤机组冷端释热机理，是机组冷却方式优化和余热梯级利用的理论基础；掌握多冷源耦合特性规律及其与环境协同的响应特性，是燃煤发电系统全工况节能降耗的关键。围绕太阳能等可再生能源的互补输入、多种冷却方式耦合与余热高效利用，构建燃煤发电与复杂外部环境组成的广义能源动力系统，形成多源输入输出燃煤发电系统集成理论，是利用外部资源实现燃煤发电高效清洁的新方法。

上述工作历时10余年，研究团队先后获得"大型燃煤发电机组过程节能的基础研究"（2009CB219800，2009～2013）、"燃煤发电系统能源高效清洁利用的基础研究"（2015CB251500，2015～2019）两个国家重点基础研究发展计划项目支持。为促进我国能源高效清洁利用，梳理和综述当前全球和我国燃煤发电系统能源高效清洁利用发展现状，辨识技术未来发展的重点方向和路线，探索并提出相关政策、监管制度和标准的建议，我们组织有关单位和专家编写了《燃煤发电系统能源高效清洁利用》丛书。

丛书编委会成员由以下专家组成：彭苏萍院士（中国矿业大学）、宣益民院士（南京航空航天大学）、虎维岳研究员（中国煤炭科工集团西安研究院）、刘吉臻院士（华北电力大学）、金红光院士（中国科学院工程热物理研究所）、郭烈锦院士（西安交通大学)、姚强教授(清华大学)、张兴教授(清华大学)、杨勇平教授(华北电力大学)、周昊教授(浙江大学)、段远源教授(清华大学)、杜小泽教授(华北电力大学)、严俊杰教授(西安交通大学)。

这套丛书凝聚了我国能源领域众多专家学者的智慧和心血,具有较强的参考价值,希望能对国内相关科研机构、有关企业以及相关领域的研究与实践起到积极的促进作用。

杨勇平

2018 年 7 月 25 日

前　言

本书着重介绍燃烧过程的在线场参数测量。我国能源消费结构长期以燃煤发电为主。电站锅炉是火力发电机组的三大主机设备之一，它将燃料燃烧释放的化学能通过受热面使给水加热、蒸发、过热转变为蒸汽的热能。由于大容量煤电机组的锅炉系统的结构复杂，运行工况的影响因素繁多，锅炉成为火电机组中问题最集中、事故率最高、对机组效率影响最大的设备。如何安全、高效和低污染地组织锅炉运行工作是相关技术人员密切关心的问题，而燃烧关键参数的获取是实现锅炉安全清洁优化运行的关键，只有实现燃烧复杂关键参数能测、测准、快测，才能结合大数据分析和燃烧优化系统实现燃烧过程的优化。

本书首先介绍燃烧关键参数在线状态表征的意义，分析场参数实时在线测量的现状；其次论述气固两相流动测量方法，探讨火焰温度场、火焰中炭黑浓度、火焰中自由基、火焰闪烁频率、火焰外形的测量方法；然后介绍 TDLAS 和布拉格光栅；最后两章则关注结渣及积灰过程的在线测量、飞灰含碳量的在线测量。

本书可供热能动力领域的研究人员、工程师和管理人员参考，也可作为高校师生的辅助材料，尤其为电站锅炉设计人员、运行人员获得实时调控所需的关键过程参数提供了测量手段。

感谢能源清洁利用国家重点实验室和浙江大学热能工程研究所的老师和研究生的大力支持，本书中的很多工作凝聚着他们的辛勤汗水；感谢国家重点基础研究发展计划项目(2009CB219800，2015CB251500)研究团队的大力鼓励和支持，我们在一起申请和完成这两个项目的日子令人怀念；感谢在多个电站燃烧项目中一起合作的企业界的朋友以及国际合作的国外大学的同行，对燃烧学科的热爱使我们走到一起，共同探讨，共同研究，分享最新的资讯和成功的喜悦；也感谢作者课题组的同事和研究生周明熙、马炜晨、李源、孟晟、张佳凯、国旭涛、姚振国、时华，他们为本书的成稿做了很多细致的工作。

本书得到了国家重点基础研究发展计划项目(2015CB251501)和国家自然科学基金创新群体项目(51621005)的支持，在此深表谢意。

周　昊

2018 年 4 月 26 日

目　　录

第1章 燃烧关键参数在线状态表征的意义

1.1 燃烧过程关键场参数

我国能源消费结构长期以燃煤发电为主，截至 2017 年年底，全国发电装机容量达 17.8 亿 kW，其中燃煤发电装机高达 10.2 亿 kW，占比高达 57.3%。随着面临更为多变的外部资源环境条件和更为严格的能效排放要求，近年来火电机组结构持续优化，大容量、高参数燃煤发电机组发展迅猛，超临界、超超临界机组比例明显提高[1]，单机 30 万 kW 及以上机组比重明显提升，2016 年年底已达到 43.4%，单机容量 100 万 kW 机组数量达到 96 台，居世界首位。

电站锅炉是火力发电机组的三大主机设备之一，它将燃料燃烧释放的化学能通过受热面使给水加热、蒸发、过热，转变为蒸汽的热能。超临界、超超临界机组的锅炉系统的结构复杂，运行工况的影响因素繁多，锅炉成为火电机组中问题最集中、事故率最高、对机组效率影响最大的设备。

如何安全、高效和低污染地组织锅炉运行工作是相关技术人员密切关心的问题。影响锅炉安全运行的因素很多，概括下来主要包括以下 4 个方面。

1. 炉内结渣与积灰

炉内结渣使辐射吸热量减小、炉内燃烧工况恶化，导致未燃尽煤粉局部结聚及炉膛熄火，甚至会造成设备损坏及人员伤亡。严重的结渣还将导致锅炉被迫停炉清渣或检修，增加机组的非计划停运次数，降低机组可用率。锅炉受热面的积灰，一方面会使受热面的传热条件恶化，使锅炉的运行值远离设计值；另一方面会造成受热面金属的强烈腐蚀。

2. 受热面磨损与腐蚀

受能源结构以及煤炭地域分布的限制，我国大部分电厂的运行煤种与设计煤种都有所偏差，再加上防磨设计和安装不合理等因素，锅炉尾部受热面运行达不到安全运行时间，磨损严重，出现泄漏和爆管事故。

3. 四管爆漏

四管爆漏是指水冷壁、过热器、再热器和省煤器四种管子因各种原因发生破裂、泄漏等问题，因此导致炉管失效，甚至引起锅炉事故停炉。

4. 燃烧器过热和烧坏

当锅炉燃用易结渣和高挥发性煤时，若燃烧器喷口附近温度过高，将会造成炉膛结渣、燃烧器过热甚至烧坏。

另外，影响锅炉经济运行的因素主要有以下 3 个方面。

1. 飞灰和炉渣含碳量

飞灰和炉渣含碳量能够表达炉膛内煤粉的燃尽程度，锅炉效率通常会随着飞灰和炉渣含碳量的增加而降低。影响煤粉燃尽程度的因素主要有炉内温度、煤粉和空气的混合程度、煤粉细度、煤粉在炉内的停留时间与煤种本身的燃烧特性等。对于一台特定的锅炉要综合分析上述因素，才能得到提高煤粉燃尽程度的具体措施。

2. 过量空气系数

过量空气系数能够表征锅炉排烟热损失，即随着过量空气系数的增加，锅炉排烟热损失会增大，排烟热损失在锅炉热损失中所占比重最大，此时锅炉热损失总量也会随之增长。另外，过量空气系数的增加会使飞灰和炉渣含碳量减少。因此，对于一台特定的锅炉，确定最佳运行过量空气系数的依据除了排烟热损失还包括机械不完全燃烧损失。

3. 锅炉的煤种和负荷适应性

目前，我国大部分火电机组所烧煤种不仅偏离锅炉的设计煤种，还多为劣质煤种，同时由于我国煤种繁多、供应渠道多样化，锅炉所烧煤种煤质多变且呈下降趋势。另外，随着我国国民经济的发展以及人们生活水平的提高，电网负荷的峰谷差有增大的趋势，这就要求众多中小型机组乃至大型机组参与调峰。然而，若机组参与调峰，则意味着机组处于频繁的变负荷运行工况，将会加重锅炉燃烧的不稳定程度并直接影响锅炉的安全性。因此，具备良好煤种和负荷适应性的锅炉，对提高锅炉运行的安全性和经济性具有重要意义。

综上所述，电站锅炉的燃烧工况复杂，炉内过程涉及燃烧学、流体力学、热力学、传热传质学等多个学科领域，由于缺乏对燃煤锅炉关键参数的在线检测方法，燃煤锅炉的优化控制还有很大的发展潜力。

整个煤燃烧过程中影响优化控制的关键场参数主要有：气固两相速度场及浓度场、火焰三维温度场、烟气的成分和温度、结渣预测、炭黑浓度与飞灰未燃尽碳测量等。对这些贯穿整个燃烧过程的关键参数进行综合分析，可对锅炉燃料控制、污染物控制、汽压汽温控制和配风控制等回路进行改进，实现对燃烧的优化分析与闭环控制。

1.2　场参数测量的原理和方法

1.2.1　气固两相测量方法和原理

1. 风速测量

火电厂一/二次风风速是电站锅炉燃烧调整的重要参数。锅炉配风不均, 易引起火焰中心偏斜、燃烧不稳, 从而导致熄火、局部结焦及炉管爆漏等后果, 降低锅炉热效率。准确的风速测量有助于选择最佳燃烧工况和风量调节, 提高系统的安全性和经济效益。火电厂风速测量存在直管段短且风道空间布置复杂、返料风流速较低且管径较小等缺点, 并受气流性质、管路系统以及流动状态多样等多种因素影响, 因此电站锅炉风速测量难度较大。

传统的锅炉普遍采用在风道中安装差压式流量计的方法来测量风速。这种仪器利用风速与压差间的关系间接计算出风速, 主要包括喷嘴、孔板、毕托管、靠背管、均速管、文丘里管、机翼型测速装置、弯管测速装置等。

随着传感测试技术的发展, 新型的风速测量技术主要采用横截面式、热式质量、涡轮气体、涡街气体和超声波气体等流量计来测量风速。这些各有特点的测量技术已开始用于火电厂的一/二次风风速测量, 但由于技术不成熟且成本较高等原因, 目前应用相对较少[2]。

2. 固相浓度场测量

目前应用较多的中速磨直吹式制粉系统由一台磨煤机供应四只燃烧器, 由于缺乏监测和调节手段, 四只燃烧器之间的煤粉浓度分布很不均匀。调整较好的磨煤机, 其不均匀性也有 20%～30%。通过准确地测量煤粉管道的煤粉浓度, 可以保证进入各燃烧器的煤粉量均匀, 获得较高的锅炉燃烧效率, 防止因炉内火焰偏斜而导致锅炉的结渣和高温腐蚀事故, 且可以提高制粉系统的安全性。随着电站锅炉 NO_x 排放限制日益严格, 测量各燃烧器的煤粉浓度, 对合理配风并获得低 NO_x 排放浓度也有很大的作用。

传统普遍的煤粉浓度测量方法是等速取样法, 将等速取样探针插入粉管, 抽取颗粒空气混合流, 通过气固分离装置实现粉气分离, 称取固体质量并推算出气固两相流中颗粒浓度。等速取样方法测量颗粒浓度非常耗时, 要实现在线的自动测量比较困难。

电站锅炉煤粉管道内煤粉浓度的在线监测对实现锅炉和制粉系统的安全优化运行有着非常重要的意义。煤粉浓度的在线测量一直是困扰研究人员和运行人员的难题，煤粉颗粒很细，煤粉颗粒在流动中还存在管内流动平面上的分布不均匀的问题，这导致煤粉浓度测量比较困难，尤其是在线测量比较困难。

对于中间储仓式系统，采用热平衡方法测量煤粉浓度的工作在国内得到了比较广泛的应用。但对于直吹式制粉系统，基于热平衡方法的间接测量方法无法应用。一些研究者也开发了基于静电法、传热法、微波法、超声波方法、电容法、光学法等原理的煤粉浓度在线测量方法。微波测量煤粉浓度的方法被较多地研究，但其普遍存在的问题是受煤粉水分的影响大，微波源容易发生温漂和时漂，测量准确性不高。有研究者采用电容方法，但研究表明，电容方法不适合稀相的煤粉气流，在较高煤粉浓度下才具有可靠的分辨率。另外一些研究者采用摩擦电极的方法，但由于煤粉管道内煤粉浓度的分布在截面上并不均匀，采用摩擦电极方法只能对管道内某条线上的煤粉浓度进行检测，而无法测量整个截面上的煤粉浓度。目前大部分方法尚处于实验室试验阶段，也有部分方法已进入电厂试验阶段，但国内还少有应用实例。

3. 基于电磁发射吸收的一次风量和煤粉浓度测量

电站锅炉煤粉管道内流动的是煤粉和空气的混合物，其中煤粉的质量浓度为 $0.2\sim1.0$ kg 煤粉/kg 空气，属于稀相流动。基于电磁发射吸收的直吹式煤粉均配在线监测技术的基本原理为：在直吹式制粉系统煤粉管道中，空气夹带着煤粉，形成气固两相流在铁制薄壁管中流动，把粉管当做波导管，则波导管的特性仅依赖于管内绝缘材料的多少，也就是在测量段内的固相浓度的大小。采用电场激励模式，天线作为激励装置插入圆管内，在管内形成激励电场。管内煤粉空气流由于煤粉介质的极化特性，在电场的作用下产生电极化，从而导致电磁波发生衰减和频率偏移。再利用探针检测，根据接收端电磁波的衰减特性和频移特性，获得管内煤粉的浓度。

例如，在接收探头的下游设置另一个接收探头，该探头也被激励，并接收到信号，该信号与前一个接收探头接收到的信号之间存在相关性，根据相关分析可获得管内煤粉空气流的速度。

1.2.2　燃烧温度场的测量方法和原理

为实现火焰燃烧控制系统的自动化监控，需要选取一些能够及时表征燃烧过程的热物理参数来反映设备的运行工况。目前普遍认为，采用火焰温度场作为控制参量比采用汽包压力变化作为锅炉燃料的控制参量具有明显的优越性，因为燃料量扰动首先引起燃烧放热的变化，然后影响水冷壁吸热，最后引起蒸汽出口压力变化，总体而言，这是一个纯延迟、大滞后的环节。燃烧火焰温度场的瞬态变化直接体现了燃烧过程的稳定性，并且炉膛截面温度分布能够为四角燃烧方式提供切圆调整的依据。对于四角切圆燃烧的煤粉炉，炉内风、煤配比不适当，或者燃烧工况改变，容易造成火焰中心偏斜。此时，气流冲刷壁面，炉膛出口两侧烟温偏差大，会导致水冷壁磨损爆管、对流受热面局部过热及高温蒸汽爆管。水冷壁及其他对流受热面的局部高温还容易引起结渣和积灰加剧，对锅炉的安全性造成严重影响。另外，温度场分布与燃烧效率、气体污染物排放以及炉膛出口未燃尽碳损失都有重要关系。由此可见，先进有效的火焰温度场参数测量方法对于燃煤锅炉的优化控制具有十分重大的科学意义和实用价值。

炉膛内煤粉的燃烧过程是发生在较大空间范围内、不断脉动的物理和化学过程，具有瞬态变化、随机湍流、设备尺寸庞大、环境恶劣等特征，给炉内温度等热物理量参数的在线测量带来困难，这成为提升机组经济性和安全性的瓶颈。

现有的测温方法主要分为接触式和非接触式[3]。传统的接触式测量方法，例如，用水冷式抽气热电偶测量，由于感温元件耐温性能的限制，只能做短时间测量，且就地操作费时费力，无法实现实时在线监测。此外，电站锅炉的炉膛尺寸较大，采用接触式方法对温度场测量存在布点的困难，将其应用到场参数测量几乎不可能。非接触式测量方法由于所测对象温度不受感温元件耐温程度的限制，成为炉膛火焰等特殊环境温度测量方法的主要发展方向。非接触式方法主要是通过测量燃烧介质的物性参数来求解温度场，近年来，高性能的非接触式测温仪表的研究与应用获得了快速的发展。当前适用于锅炉炉内温度在线测量且较为成熟的测量技术主要有光学辐射法、激光光谱法、CO_2 光谱分析法和声学法，各项技术对比如表 1.1 所示，相应原理简介如下。

表 1.1　锅炉炉内温度场在线测量技术对比表

项目	光学辐射法	激光光谱法	CO_2 光谱分析法	声学法
实现原理和理论依据	摄取火焰图像进行滤光分析，测温原理基于火焰的单色辐射能与温度的函数关系	主动发出激光穿过炉膛，接收端对光谱进行分析，测温原理基于气体分子的光谱吸收特性	被动接收火焰光信号进行光谱分析，测温原理基于 CO_2 气体分子的光谱吸收特性	声波的传播速度与介质温度的单值函数关系
优点	可实现炉内三维温度场的在线测量	除烟气温度，能同时测得气体组分浓度	结构简单、使用方便	非接触式测量，成本低
缺点	全炉膛测点多，探头镜面的冷却、防灰消耗大量的压缩空气	(1)只能测量二维温度场 (2)煤质灰分大时不适用	(1)只能测量单点温度 (2)不适用于 CO_2 浓度过低区域的测量	(1)只能测量二维温度场 (2)易受强噪声干扰
工程应用	粤电沙角 A 电厂、华能邯峰电厂、姚孟电厂、浙江嘉兴电厂等	国内暂无应用	大方电厂、青岛电厂、深圳妈湾电厂等	国华宁海电厂、华能大连电厂

1. 光学辐射法测温技术

由于火焰辐射图像是炉膛燃烧温度场决定的辐射传热过程的一种反映，含有丰富的炉膛温度场分布信息，所以可以在火焰图像所携带的辐射能水平和炉膛煤粉燃烧温度分布之间建立一个数学关联模型。采用 CCD（change coupled devices）火焰探头多方位同时摄取燃烧室内部某个时刻的瞬时火焰图像，借助光学理论、计算机图像处理技术和三维重建技术计算可以描绘出整个炉膛内部的三维温度分布情况。

2. 激光测温的实现原理

激光法在实验室内高温气体的温度测量方面具有较多的应用。这是一种主动式的光谱分析技术，主要基于每种气体分子都有独一无二的光谱吸收特性。针对炉内气体浓度的测量，特定波长的激光在穿过炉膛过程中，光量会被相应的气体吸收，未被吸收光量 P 与被吸收光量 P_{abs} 的比值 P/P_{abs} 与气体浓度成函数正比关系，从而测出对应气体组分的浓度。

该类测温产品的激光发射器与接收器成对使用，激光从发射器射出，穿过炉膛后由布置在炉膛另一端的接收器接收，形成一条激光测温"路径"。每条路径可以同时测量 O_2、CO、CO_2 和 H_2O 等气体组分的平均浓度和温度。通常在锅炉的一个或多个层面上采用网格形式布置多条路径，然后通过复杂的数学运算，生成炉膛测量截面的气体浓度与温度剖面分析图，其原理与医学计算机断层扫描（computed tomography，CT）的成像原理相同，如图 1.1 所示。

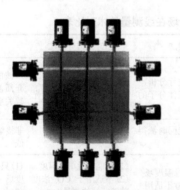
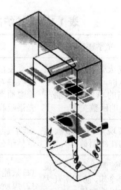

(a) 激光测温路径示意图　　　　　　　(b) 激光测温系统布置示意图

图 1.1　激光发射/接收器布置示意图

3. CO_2 光谱法测温技术

CO_2 光谱法测温的实现原理：当煤炭、油等化石燃料在锅炉中燃烧时，会产

生大量的 CO_2 气体，通过接收高温 CO_2 气体的红外光谱进行分析，可以获得其温度数据。与激光法不同的是，该类系统未配置主动式激光源，是一种被动式的红外光谱测量方法，因此系统结构简单许多。

4. 声学法测温的实现原理

声学法测温主要基于声波在特定介质中的传播速度与介质温度间的单值函数关系实现。由波动理论进行推导，可以得到声波在烟气中的传播速度与烟气温度间的函数关系如下：

$$C = \sqrt{\frac{kR}{M}T} = Z\sqrt{T} \qquad (1-1)$$

式中，C 为声音在介质中的传播速度；R 为理想气体普适常数；k 为气体的绝热指数；M 为气体分子量；T 为气体温度；Z 对某特定气体为一个常数。

在炉膛内布置声波的收发装置，当声波穿越距离固定时，只要测出穿越时间即可求得声波在该烟气中的传播速度。而对于特定组分的烟气，Z 为可求的常数，因此根据式(1-1)即可求得声波穿越路径的平均温度。

炉内温度场的声学测量技术正是基于以上原理实现的，系统示意图如图 1.2 所示，在某一测量平面内布置多套声波收发装置，组成一张测温路径网，当一个声波发射器发送一个声音信号时，处于同一壁面上的测点之外的所有接收器进行同步接收。一个测量周期内得到不同路径上的数据，经信号处理单元分析后重建出二维平面上的温度分布图。

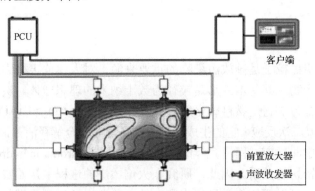

图 1.2　声波炉内温度场测量系统的结构示意图

1.2.3　燃烧浓度场的测量方法和原理

1. 气体组分

炉膛出口烟气中的 O_2 和 CO 浓度直接反映了锅炉运行的经济性。NO_x 和 SO_2

的浓度是判断燃烧清洁性的重要指标。要通过控制系统对燃烧的经济性和清洁性进行优化与调整，首先必须对这些量进行准确、快速的测量。

传统的烟气测量方法主要包括：①人工抽取法。主要采用传统的分析方法如化学分析法、气相色谱法，其缺点是必须对烟气进行人工取样，只能单一成分地逐个进行检测分析，不具备多重输入和信号处理功能；分析费时、响应速度慢、效率低，难以实时地分析工况。②连续抽取法。紫外线式、红外线式和热导式等分析仪器主要采用抽气法获取样气。测量由采样预处理系统和分析仪表两部分组成。被测气体通过采样和预处理后连续送入仪表的测量管道，安装在测量管道两头的红外线或紫外线光学探头完成气体浓度的测量，其测量原理是当被测气体通过测量管道时，吸收红外线或紫外线光源发出的特定频率光（与被测气体成分有关）使光强衰减，测出光强的衰减程度即确定了烟气中被测气体的含量。

传统的气体测量装置，需要对气体进行采样，无法对过程中的气体进行在线实时测量。因此，发展光学的、非接触式的方法进行气体的测量，从而实现对污染物的监测和对生成过程的控制，是燃烧测试领域研究的难点与热点。

基于半导体激光的在线测量技术近年来有了较大的发展。该技术可以实现多种烟气浓度的现场在线测量分析，避免了现有取样方式烟气分析系统必需的采样预处理系统，因此具有较高的测量精度、快速的测量响应速度和较少的维护工作量。非接触式光学测量还具有特别强的高温、高粉尘、高水分、较大范围正负压及腐蚀性等恶劣环境适应性。目前研究的重点集中于测量单种气体成分的浓度，如 O_2、H_2O、CO、CO_2、NO、NO_2、NH_3、HF、H_2S 和 CH_4 等的测量。

2. 固体组分

1) 炭黑

纳米级的炭黑粒子是排放污染物的重要来源，对人体危害极大。炭黑是挥发分缺氧燃烧的产物，其基本外形是粒径为数十纳米的理想球体。炭黑的生成是一个复杂的化学行为，它是燃料氧化后的挥发分（如 CO、CO_2 和 H_2O 等），在富燃料条件下的高温二次反应。它的生成机理目前还没有完全解释清楚，炭黑生成反应包含上百步的中间反应过程，与多环芳香烃（polycyclic aromatic hydrocarbons，PAH）等的生成有着密切的关系。因此，研究在火焰燃烧的进程中初始炭黑粒子的粒径和浓度的变化，可以探知化学反应步骤，从而验证炭黑生成机理的模型。同时，炭黑粒子云对炉内传热具有重要的影响。根据 Mie 理论的计算结果，对于纳米级的小粒子，其吸收性占主导地位，因此发射能力非常强，对炉内的传热具有重要的影响。计算表明，对于一个 915MW 的燃煤炉膛，如果假设 10%的挥发分转化成炭黑，辐射传热量将增加 10%，这将给炉膛出口烟温带来 80K 的偏差。同时，富集了炭黑粒子的燃烧器区域温度会降低上百摄氏度，这会使炉内 NO_x 和其他污染物的生成量发生变化。

近年来，应用增强型 CCD 对火焰燃烧过程中炭黑粒子的浓度和粒度进行测量，即激光诱导发光(laser induced incandescence，LII)技术，越来越多地受到研究者的关注。Will 等[4]基于大的颗粒比小的颗粒冷却过程更加缓慢的原理于 1995 年采用粒子直径在激光加热后的衰减曲线进行粒度测量。目前主要有两类方法。一类方法研究粒子从加热到冷却的整个过程中 LII 信号的衰减，信号由光电倍增管进行采集，只能进行单点的测量。另一类方法利用两个增强型 CCD 记录 LII 信号，当激光脉冲发出 100ns 后，第一个增强型 CCD 接收 40ns 的 LII 信号；再延时 400～800ns 后，第二个增强型 CCD 接收同样 40ns 的 LII 信号。通过两幅图像的对比，可以得到二维的粒径分布。Mewes 等[5]提出了另一种测量粒径的方法，他们利用两种不同波长下 LII 图像的比例来确定粒径。目前关于 LII 方法的研究，只是实验室规模的研究，测量对象也仅限于燃用气体和液体燃料。目前国内的燃煤电站锅炉没有对炭黑粒子的测量的相关技术实践。

2) 结渣

锅炉结渣是许多电厂经常遇到而又难以解决的问题。炉内结渣使辐射吸热量减小，炉膛出口烟温升高，局部结渣还使炉膛四周水冷壁吸热不均，对流烟道左右、上下侧温差加剧，造成过热器和再热器管壁超温。大块渣从炉内水冷壁上掉落，会砸坏冷灰斗斜坡处水冷壁管，这导致锅炉被迫停炉清渣或检修，增加了机组的非计划停运次数，降低了机组可用率。炉内大量结渣还将使炉内燃烧工况恶化，未燃尽煤粉局部结聚及炉膛熄火，造成设备损坏及人员伤亡的严重事故。目前，对炉内结渣的预测主要根据燃料特性进行单一指标或综合指标的预测，但是没有考虑实际运行工况对结渣的影响。目前的预测方法对运行的指导是有限的。

3) 飞灰

锅炉飞灰含碳量是衡量火力发电厂燃煤锅炉燃烧效率的重要指标。在线监测飞灰中的含碳量能够及时指导运行，正确调整锅炉燃烧的风煤比，提高锅炉燃烧的控制水平。合理控制飞灰含碳量，有利于降低发电成本，提高机组运行的经济性。

检测飞灰中的含碳量，主要利用碳的可燃性及高介电常数等物理、化学特性。在众多的检测方法中，关键是准确性和快速性。按照检测的实时性可以分为离线检测和在线检测两大类[6]。

(1) 离线分析测量法。传统测量燃煤锅炉飞灰含碳量一般采用化学灼烧失重法，即将一定量的飞灰在高温下燃烧，由燃烧前后的重量差求得飞灰的含碳量。同样是对飞灰样品的燃烧，流化床 CO_2 测量法则通过监测燃烧后 CO_2 的含量来确定飞灰的含碳量。这种分析方法对所采集的灰样代表性要求高，滞后时间长，不能快速地反映锅炉燃烧工作情况，不能做到与燃烧调整同步。

反射测量法是根据飞灰中碳颗粒与其他物质颗粒反射率的明显差异，选择不同的发射信号源来测定飞灰含碳量的方法，已商品化的有光学反射法、红外线测量法和放射法三种。

光学反射法是将灰样和黏合剂按一定比例混合，压制成环状物放入放电室内，用单色器和光电探测器分辨放电室内所产生的发射信号，依据单色器的范围确定飞灰含碳量和飞灰的其他组分。

红外线测量法是利用红外线对飞灰中碳粒反射率不同的原理进行测量，按事先标定的反射率直接得出测量结果。

放射法依据光电效应和康普顿散射效应。当飞灰中含碳量低时，光电效应较强而康普顿散射效应较弱；反之，光电效应较弱而康普顿散射效应较强。因此，通过核探测器记录的反散射 γ 射线强度的变化就可以测量出飞灰中的含碳量。

其中红外线测量法原理简单，测量工序简便，应用较光学反射法和放射法广泛。反射法测量飞灰含碳量的精度受飞灰颗粒的影响很大，其中 γ 射线对人体有巨大的伤害，即便使用低能量的 γ 射线也必须有很好的保护装置，这使得设备的生产和维护成本上升，降低了测量仪器的经济性和实用性。基于光学反射法的测量能获得较高的精度，但也存在分析滞后以及样品的代表性等问题，仍无法满足现场需求。

总体来说，对锅炉而言，运行过程中飞灰含碳量的变化也表明磨煤机和锅炉运行情况的变化，另外飞灰含碳量的多少也影响灰渣综合利用的经济性。为适应电力行业的发展及运行经济性的要求，即时取样、即时化验、在线监测飞灰含碳量已经成为一种趋势。

(2)在线分析测量法。目前，国际上开发了几种在线监测飞灰含碳量的方法，如微波法和电容法等。微波法测量飞灰含碳量的原理是将纯灰渣认定为中性电介质，而碳具有相当大的电损耗，当飞灰中含有未燃尽的碳时，介质损耗就随着含碳量的增加而增大，而由于飞灰中其他组分的电损耗很小，所以微波功率衰减与飞灰含碳量之间存在确定的关系。根据这个原理，可以分析确定飞灰中碳的含量。但是这种方法存在一个问题，就是在飞灰含碳量不变的情况下，飞灰浓度的改变造成流过微波检测区域的飞灰总量不同，这样，即使在相同的飞灰含碳量情况下，飞灰总量不同，微波检测到的炭的总量也必将不同，引起的微波衰减量也不同。另外一个误差来自于颗粒粒径的变化，这对微波的衰减也存在较大的影响。用微波方法监测飞灰含碳量的仪器具有代表性的是 CAMRAC 公司的 CAM(carbon-in-ash monitor)。电容法测量飞灰含碳量的原理是根据电容量与含飞灰的碳量成反比关系确定飞灰的含碳量，其中比较具有代表性的是 Clyde-Sturtevant 的 SEKAM。

1.3　场参数实时在线测量与燃烧优化的结合

近年来，燃烧控制的研究应用逐步由关注局部的、针对某种特定功能的控制深入到更加全面的燃烧优化系统，将现有分布式控制系统(distributed control system，DCS)所采集的数据进行分析，根据建立的优化模型提出调解量的优化值，实现基于多目标的锅炉安全运行、低排放运行、经济运行。但是，此类燃烧优化系统最大的问题是基于已有测量数据进行分析的"软控制"，没有在"硬件"即测量技术上进行革新，因此其优化结果只有参考作用。

本节介绍的关键场参数的测量是燃烧优化的依据和前提，新一代的燃烧控制系统急需借助燃烧关键场参数的精密、快速与三维的在线测量技术，分析直接测量获得的整个燃烧流程中的过程参数。运用适当的策略，实现对燃烧的智能分析、闭环控制和优化调整，全面提高锅炉运行的自动化水平，对保证电厂运行的安全性、经济性与清洁性具有重要的现实意义及应用价值。近年来，针对气固两相速度场及浓度场、火焰三维温度场、烟气的成分和温度、结渣预测、炭黑浓度与飞灰未燃尽碳等关键参数的在线测量技术的发展及应用将在后续章节中详细介绍。

第 2 章　气固两相流动测量

气固两相流动参数检测对于两相流体的理论研究以及工业生产过程的安全、经济、高效运行均具有重要意义，但气固两相流动过程的复杂性和随机性致使其流动参数的检测难度很大。

气固两相流在自然界和工业生产过程中广泛存在。自然界中的沙尘暴飞扬、空气中雾霾弥散、粉尘等固体颗粒排放等都是存在于自然界中的与人类生活密不可分的气固两相流现象。在能源、电力、冶金、环境、化工等很多工业生产中，应用管道气力输送技术输送煤粉、水泥、矿石、固态粉体等都属于典型的气固两相流动。不断提高的工业技术和产品质量要求，也使得对过程参数进行在线监测和控制的要求越来越高。

气固两相流动参数的准确测量对许多生产过程的控制和节能均具有重大意义。以火力发电为例，火力发电在目前世界范围内的能源构成中，仍然占据主导地位。燃烧器中煤粉与空气的配比对整个燃烧器的燃烧效率有重要影响。首先，如果喷燃器出口煤粉质量流量不均匀，将会导致炉膛火焰中心偏斜，从而引起炉膛气流冲刷后墙，导致高温过热器、高温再热器出现局部超温、结焦等现象。其次，过高的浓度会导致较高的能量消耗和燃烧不均匀，降低燃烧效率，增大 NO_x 排放量。因此，控制进入炉膛的煤和空气的混合比非常关键。这就要求控制者必须能够掌握送粉系统每条管道中的煤粉质量流量的精确测量结果。由此可见，掌握气固两相流基本流动规律，并准确获得气固两相流的特性参数，对生产过程实现高效运行、安全生产等要求具有重要意义。

目前，对于气固两相流系统，单纯从理论的角度解释其随机性和复杂性是比较困难的。通过实验验证实现气固两相流流动参数的实时在线检测，不仅可以作为对理论研究的有效验证，还可以帮助分析推导引进修正参数，对科学研究具有广泛的意义。气固两相流作为一门综合性交叉工程科学，对国民经济意义重大，其涵盖的多相流特性测试技术已成为制约其研究与应用的一个主要因素，在世界范围内得到了极大关注，也受到了越来越多的研究人员的重视。

作为多相流中的一种，气固两相流流动特性也比较复杂，界面效应和相对速度普遍存在于两相之间，相界面在时间和空间上都随机可变。其特性参数除了常见的速度、流量，还包括流型、颗粒浓度、颗粒尺寸及固相分布、两相混合的密度等。这致使其特性参数检测方法远比单相流系统复杂得多。而且在实际的气固两相流流动检测过程中，固相颗粒的物理、化学及流动特性都可能对检测仪器的测量准确性产生影响。总体来看，影响气固颗粒两相流测量的因素如下。

1. 不均匀的固相颗粒分布

在气力输送过程中，固相颗粒沿管道截面和管道长度往往呈不均匀分布。即使流动状态稳定，由于气固两相相界面存在界面效应，系统内部不同区域间也会出现不均匀的相浓度分布和相速度分布，此外，局部区域颗粒速度和浓度分布在时间与空间上也都具有随机可变性。这与管道的方位、测量的位置、固相的载荷量、气体输送速度以及固相颗粒的特性(包括颗粒尺寸、湿度成分、内聚力和黏着力等)多种因素有关。

2. 不均匀的固相颗粒速度分布

在气力输送过程中，在管道横截面上颗粒的速度分布也可能是不均匀的。例如，水平输送固相颗粒时，处在管道底部的固相颗粒速度要比处在管道上部的颗粒速度小，大的要比小的移动速度小。此外，当固相颗粒的载荷量较大时，速度分布的不规则性更加明显。

3. 变化的颗粒尺寸和形状

气固两相流中，颗粒尺寸也并非均匀统一的，其粒径一般在几微米到几厘米范围内变化，如电厂煤粉和面粉加工厂的面粉，并且颗粒的形状千变万化，很难用同一种分类方式进行恰当的分类。对于某一给定的给料系统，一般只能保证给出固定的颗粒尺寸范围，很难保证颗粒尺寸不会发生变化。例如，煤粉颗粒尺寸的大小主要取决于磨煤机的性能与当前的工作状态。

4. 颗粒相化学成分

在许多工业生产过程中，固相颗粒的种类并非单一介质，而且经常发生变化。如燃煤电站的煤粉，不仅如此，煤粉与生物质、垃圾混合也经常发生，这些固相颗粒物的化学组分非常复杂，往往不可预测。但是，对于静电、电容、微波传感器等许多非节流式传感器，固体颗粒的化学组分都会对其性能产生较大影响。

5. 其他影响因素

除了上面提到的因素，还有诸如固相颗粒在测量段的沉淀，流动中噪声、振动等干扰性非测量因素，都会对仪器的性能产生影响，这使得测量结果不准确。同时，这些因素往往是不可能控制和预测的。

2.1　静电法进行气固两相流的在线场参数测量

静电法是气固两相流流速测量技术中重要的一种，近年来得到迅速发展。它基于静电荷感应原理，具有结构简单、灵敏度高、价格低廉等特点，能对气固两相流参数进行无干扰测量，在重复性、可靠性和低成本等方面均具有优势。早在20世纪六七十年代，国外就有将粉体颗粒静电现象应用于颗粒流动参数测量的研究，但静电传感技术在理论和应用中都存在不少问题，需要进一步深入研究。

粉体是固体的一种特殊形态，由分散性固体颗粒组成。每一个颗粒都是体积很小的固体介质。与大块的固体介质相比，粉体颗粒具有分散性和悬浮性的特点。粉体颗粒的悬浮性使粉体颗粒很容易悬浮在空气中形成烟尘，或悬浮于液体中很难沉淀析出。粉体介质的悬浮性使其与大地绝缘，因此，每一个颗粒都有可能带电。粉体起电是由于粉体与器壁、粉体与粉体间相互碰撞、接触分离、摩擦、碎裂而引起的。粉体颗粒是特殊状态下的固体介质，其静电起电过程遵循固体的接触起电规律。颗粒携带的静电荷所产生的静电场会有静电感应效应，即当带电体附近存在被绝缘的导体时，在该导体表面会出现感应电荷的现象。如图2.1所示，导体表面的感应电荷[7]：

$$Q_S = \int_S E\varepsilon_0 \mathrm{d}S \tag{2-1}$$

式中，ε_0 为真空的介电常数，其值为 $8.85 \times 10^{-12}\mathrm{F/m}$；$E$ 为受感应的导体表面的电场强度，V/m；S 为受感应的导体表面积，m^2。

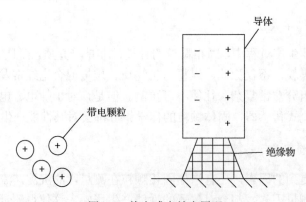

图 2.1　静电感应效应原理

静电法是基于流动粉体颗粒静电特性实现两相流参数检测的。粉体颗粒在流化或气力输送过程中，由于颗粒与装置壁面以及颗粒之间的碰撞、摩擦、分离，颗粒和输送管道上会积累大量的电荷。检测颗粒流动过程中产生的静电噪声或颗粒与测试装置之间转移的荷电量，并结合适当的信号处理方法，可实现颗粒的浓度，乃至颗粒粒径的实时检测。如图 2.2 所示，管道内，移动颗粒上的荷电量可以通过一个屏蔽的绝缘探头结合适当的处理电路测量。测量探头结构可以采用圆环状或棒状电极。测量电路可以按照要求设计成交流检测电路，即测量静电传感器输出信号的交流成分，或者设计成对静电传感器输出信号进行全部测量(直流法)。大量的试验研究表明交流法要优于直流法[8]。

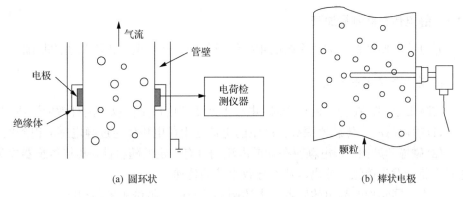

(a) 圆环状 　　　　　　　　　　　　　　　　(b) 棒状电极

图 2.2　两种颗粒浓度检测电极

　　应用静电传感器技术(无论是直流法还是交流法)的一个主要问题是建立颗粒浓度和静电流信号之间的模型问题。由于颗粒荷电的影响因素很多，带电量的大小和符号不仅与颗粒本身的属性(颗粒的形状、尺寸、分布、粗糙度、相对湿度、化学组分、体电阻、功函数等)有关，而且与管道的材料和布置、颗粒在管道中的输送条件(管道尺寸、输送管线温度、压力等)有关，因此，简单通过静电流输出信号的幅度及其变化，很难给出颗粒浓度和质量流量的绝对测量值。在应用时，只能利用已知属性的颗粒，在稳态条件下进行试验标定，但是，当颗粒属性和流动条件发生变化时，测量系统将会产生很大的测量误差。这意味着：按照目前粉体静电物理学的研究成果，建立颗粒浓度绝对测量值和静电感应信号之间的模型是非常困难的。因此，生产厂商都明确地指出：基于颗粒静电化的多相流流量计仅给出颗粒浓度的相对值，仅用于定性的比较分析。当然，也有通过上面提到的首先人工荷电，之后测量颗粒浓度绝对值的方法，但该方法可能引起颗粒爆炸的危险。影响颗粒浓度测量的一些因素可以通过优化传感器结构和检测电路来削弱。例如，静电传感器在灵敏场内，灵敏度分布不均匀，可以通过增加静电传感器轴向长度来减小不均匀性造成的影响。尽管有上述弊端，静电传感技术由于结构简单、价格低廉、具有较高的灵敏度，为气固两相流参数检测提供了一种检测方法，仍然吸引了很多学者继续进行深入的研究。Armour-Chelu[9]使用橄榄石砂作为实验材料，研究由颗粒与管壁碰撞而产生的颗粒荷电现象。实验结果表明，利用静电法可以推断出流动粉体材料的荷电趋势，对所测信号进行处理后，可提取出管道内流动颗粒浓度的信息。对实验数据的进一步分析表明数据还包含粒径分布的信息，作者提出了进一步研究的思路。Woodhead 等[10]也报道了利用非侵入式静电法获取质量流量的实验结果。尽管在浓度测量方面，特别是低浓度范围内（小于 $0.5\mathrm{kg}\cdot\mathrm{m}^{-3}$）取得了一定的成功，但仍需进一步证明此技术在其他浓度范围内的可行性。

2.1.1 静电传感器测量原理

静电传感器是整个测速系统的重要组成部分，是实现两相流测速的基础。

1. 静电传感器的种类

实际带电颗粒在管道内输送时，电极上产生的电荷是由以下两种效应造成的。

(1)静电感应。传感器探头上产生的电荷是由荷电粉体通过静电感应得到的。

(2)碰撞和摩擦。带电颗粒在管道内流动具有一定的随机性，其与传感器探头之间难免会发生接触、分离，从而导致电荷的传递。

对于不同结构的静电传感器，上述两种效应的贡献份额各不相同。

Ma 和 Yan 指出如果静电探头嵌入管道中，与颗粒无直接接触，测量原理为静电感应。与之相反，当探头直接暴露于颗粒流体中时，不可避免地会发生颗粒与探头之间电荷的直接转移。然而，如果探头的径向尺寸与管道相比很小，则静电感应为主要测量原理[11]。

根据上述静电传感器与管道内带电颗粒的作用机理来看，静电传感器可以分为以下两种形式：感应式、直接电荷传递式。感应式静电传感器基于静电感应效应，带电颗粒移动时，其在静电传感器周围产生的准静电场在不断地发生波动，这使得传感器上的感应电荷不断地发生变化。感应电荷的波动信号反映了颗粒的流动参数信息，对其进行检测并加以适当的信号处理，即可获得两相流流动参数。直接式电荷传递利用了带电颗粒在管道中移动时与静电传感器探头之间接触、分离导致电荷的传递以及静电感应产生电荷移动的综合效应实现气固两相流参数检测。

目前为止，人们开发了多种静电传感器用于气固两相流参数检测，传感器的敏感原件大不相同，从总体上来看，可以分为接触式和非接触式两种。接触式主要为棒状结构，非接触式主要包括针形、1/4 环、环形结构，如图 2.3 所示，不同结构的静电传感器各有优缺点，其特点比较分析如表 2.1 所示。

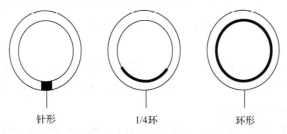

针形　　　　　　1/4环　　　　　　环形

(a) 非接触式静电传感器结构

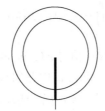

(b) 接触式静电传感器结构

图 2.3　各种静电传感器结构示意图

表 2.1　各种静电传感器结构比较

种类	结构类型	优点	缺点	应用场合
接触式	棒状	适用于大口径的管道；易于安装；费用低	易磨损；对流体的流动产生干扰	污染源粉尘浓度的检测
非接触式	针形	响应速度快	灵敏度不够高；易磨损	小口径管道满相流流速、浓度、质量流量的测量
	1/4 环	镶嵌式安装；灵敏度高；对颗粒流不产生阻碍作用	对于大口径的管道安装成本高，对中心区域的颗粒不敏感；对稀相流测量不准确	
	环形			

2. 静电传感器测速的基本原理

由上述内容可知，传感器电极上的电荷产生主要有两种方式，在本书中，主要研究对流场不产生干扰的静电传感器，也就是基于静电感应原理的静电传感器，由摩擦和碰撞产生的静电荷可以忽略。

固体颗粒在流动的过程中，由于颗粒之间、颗粒与管道之间发生碰撞，以及颗粒与气流的摩擦导致颗粒带电，荷电颗粒通过静电感应使得传感器电极上产生电荷。带电颗粒移动时，传感器上的感应电荷也在不断地发生变化，静电传感器通过探头电极拾取感应电荷，然后将信号接入接口电路进行电压输出，从而提取出颗粒的流动参数信息。

假设，在传感器探头电极上由于静电感应产生的感应电荷为 q，感应电量可看作管道内不同局部区域内颗粒"净电荷"在电极上感应电量的总和，q 可表示为

$$q(t) = \iint \sigma(z,r)s(z,r)\mathrm{d}z\mathrm{d}r \qquad (2\text{-}2)$$

式中，$\sigma(z,r)$ 为静电传感器敏感空间内，颗粒在轴向为 z、半径为 r 的圆周上的电荷密度，也称为静电流噪声；$s(z,r)$ 为静电传感器空间灵敏度分布函数，对静电流噪声起空间加权滤波作用。

如果颗粒仅沿着管道轴向移动且速度为 v，那么传感器的感应电量可表示为

$$q(t) = \iint \sigma(z+vt,r)s(z,r)\mathrm{d}z\mathrm{d}r \qquad (2\text{-}3)$$

从式 (2-3) 可以看出，静电流噪声信号 $\sigma(z+vt,r)$ 是空间坐标和时间坐标的函数。

静电传感器由静电传感器探头和接口电路组成。图 2.4 为静电传感器的等效电路。图中，$q(t)$ 为电极上的感应电量，U_i 为接口电路的输入电压，C_e 为静电探头的自电容，因为静电探头的绝缘阻抗可认为无穷大，所以等效电路中忽略了探头的自阻抗 R_e，R_i、C_i 为接口电路的输入阻抗和输入电容。

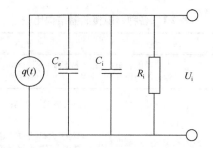

图 2.4　静电传感器等效电路

静电传感器接口电路的传递函数可表示为

$$\frac{U_i(s)}{Q(s)} = \frac{sR}{1+sRC} \qquad (2\text{-}4)$$

式中，$R = R_i$；$C = C_e + C_i$；$U_i(s)$ 为接口电路输入电压 U_i 的拉普拉斯变换；$Q(s)$ 为静电传感器输出感应电荷 $q(t)$ 的拉普拉斯变换。若电路设计合理，等效电容很小，满足 $sRC \ll 1$，那么静电传感器输出信号可表示为

$$u(t) = R\frac{\mathrm{d}q(t)}{\mathrm{d}t} = R\iint \frac{\mathrm{d}\sigma(z+vt,r)}{\mathrm{d}t}s(z,r)\mathrm{d}z\mathrm{d}r \qquad (2\text{-}5)$$

可见静电传感器输出信号是电极上感应电量的变化。敏感区间内颗粒静电流噪声的随机性导致静电传感器输出信号也是一个复杂的随机信号。

3. 静电测速基本原理及系统构成

气固两相流静电法相关测速的基本原理是：固体颗粒在管道中以一定速度流动时，由于颗粒之间、颗粒和管道壁之间发生碰撞，以及颗粒和气流之间发生摩擦，固体颗粒会携带一定量的静电荷，这种静电荷很小。在管壁上安装对静电荷信号敏感的元件拾取信号，然后对电荷信号进行放大滤波处理和数据采集，如果是相距为 L 的两路传感信号，可利用采集的数据进行相关分析，然后求得速度值，进而实现流量测量。

气固两相流静电法相关测速系统的主要组成部分有静电传感器、信号放大与调理电路、数据采集、互相关运算的软件实现，如图 2.5 所示。

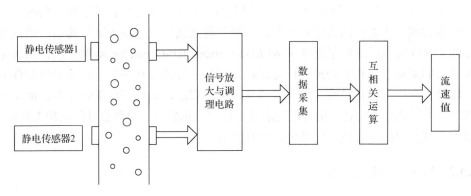

图 2.5　测速系统的基本组成

(1) 静电传感器。固体颗粒在管道内流动时由于碰撞和摩擦，其表面会产生静电荷，在管道内形成电荷流，电荷流的流动特性与颗粒流动参数之间有直接关系。为了实现颗粒速度的测量，需要在管道壁安装对静电荷信号敏感的元件对信号进行拾取。各电荷微团在电极上引起的感应信号的叠加构成了传感器的输出信号。由于静电荷信号很微弱，这对静电传感器的性能要求比较高。将电荷微团看作点电荷，则反映了传感器的特性。需要根据管道的尺寸、颗粒的尺寸等条件合理设计传感器的结构及尺寸，并通过点电荷经过电极时在其上产生的感应信号优化传感器结构尺寸，保证信号的带宽要求，尽量减小传感器的空间滤波效应的影响，使传感器的空间灵敏度特性较好，动态响应较快，从而达到静电荷信号的高精度拾取。另外，为了得到颗粒的速度值，选择使用静电传感器结合互相关测量技术，需要在管道的上、下游安装结构相同的传感器，而两传感器的间距也对信号的处理有很大的影响，需要合理地选择参数以获得较为准确的流速值。

(2) 信号放大与调理电路。经过静电传感器探头拾取的静电荷信号是很微弱的，需要先经过放大电路，将电荷信号放大到一个合适的数量级，然后经过电荷转换电路，将电荷信号转换为电压信号输出。对电压信号进行调理，主要包括全波整流、可编程增益放大、滤波电路，最后得到两路需要的合适幅值的电压信号。由于静电荷信号很小，对调理电路的精度要求较高，需要通过不断的分析与验证，找到合适的调理电路调节各参数指标。

(3) 数据采集。经过调理电路处理后的电压信号为模拟信号，为了后续的数据处理，需要对信号进行数据采集，转换为数字信号。为了保证采样后信号不失真的还原，同时，经过采样后，测量值变为离散时间点所对应的值，这将为互相关运算的峰值获取带来估计误差，影响后续的互相关运算的精度，即颗粒流速值的精度，所以需要充分考虑各影响因素，合理选择数据采集的采样频率。

(4) 互相关运算。两路传感信号经过数据采集后，进行互相关运算得到两信号的延迟时间，再根据两传感器的间距，最后得到固体颗粒的表观流速值。根据系统的实时性要求，选择采用基于 ARM（advanced RISC machines）微控制器系统完成信号的采集、互相关处理及速度显示。两路信号的互相关运算需要通过软件编程实现，对比分析几种实现离散信号互相关的算法，如快速傅里叶变换、加窗处理等，选择满足该实时系统精度要求及速度要求的算法，实现信号的互相关运算，最终得到颗粒的速度值并将其进行实时显示。

2.1.2 阵列式静电传感器

1. 系统组成

采用静电感应成像系统测量气固两相流参数是一种新型检测方法，它是基于两相流中固体颗粒的静电特性来实现两相流参数检测的，目前已有许多相关研究。如英国 Kent 大学的 Peng 等[12]就提出了运用静电法、互相关和数据融合等技术相结合来测量气固两相流参数的方法。Teimour 等[13]针对气力运送中干燥固体颗粒模型进行了仿真分析，验证了敏感特性与电极各个方向尺寸间的关系。高鹤明等[14]提出了基于阵列式静电传感器测量密相气力输送表观气速的方法，以及基于非等网格的静电层析成像技术。Rahmat 等[15]设计了针对固相流动场的静电与光学成像双模态系统，利用光学方法校准了静电成像方法中的误差。

静电感应成像系统的整体结构如图 2.6 所示，管道内固相颗粒的流动在静电传感器的各个极板上产生感应电荷，通过电荷转换电路将该电荷信号转化为电压信号，再通过信号放大电路对微弱的感应信号进行放大，通过低通滤波电路降低信号中的高频噪声干扰，经过一系列处理后得到的信号经 A/D（模/数）转换输入控制单元暂存，再将采集得到的数据实时传输至上位机，通过成像软件完成数据的分析和图像的重建[16]。

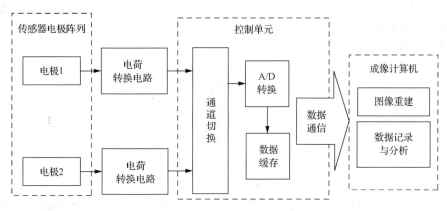

图 2.6　系统构成总体框图

　　图 2.7 为阵列式静电传感器结构示意图，其由绝缘管道、屏蔽罩和 8 个矩形电极组成。其中 8 个矩形电极组成的环状阵列紧贴在绝缘管道的外表面，电极外部由屏蔽罩覆盖。静电传感器是基于静电感应原理工作的，当带电颗粒通过阵列式静电传感器时，每个电极上将会产生感应电流，其大小受到带电颗粒速度、空间位置的影响。

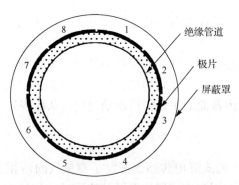

图 2.7　阵列式静电传感器结构示意图

2. 测速原理

　　静电传感器获取的静电信号属于非常复杂的随机信号，具有非线性和非平稳性的突出特点，因此很适于经验模态分解(empirical mode decomposition，EMD)方法的应用。根据前面对阵列式静电传感器的介绍，由于每个电极的检测区域几乎可以覆盖整个管道截面，而其高敏感区域为靠近电极的区域，根据时域和频域分析结果，该区域运动电荷对应高频高能静电信号，因此通过对阵列式静电传感器各电极获取的静电信号进行 EMD，提取其高频分量中的高能量信号，从而获取每个电极局部区域的颗粒速度信息。另外，为了避免空间滤波法峰值提取困难的问题，本书采用基于参数的 Pburg 功率谱密度(power spectrum density，PSD)计算方法，并且计算各电极的等效频率。

$$F_e = \frac{\sum_{i=1}^{n} h_i f_i}{\sum_{i=1}^{n} h_i} \tag{2-6}$$

式中，h_i 为功率谱的幅值；f_i 为该幅值对应的频率；F_e 为等效频率。

　　同时结合各电极静电信号的强度(以静电信号均方值(root mean square，RMS)表征，以其为加权系数得到表征管内静电荷平均速度的加权频率。

$$F_s = \frac{\sum_{i=1}^{8} T_i F_{ei}}{\sum_{i=1}^{8} T_i} \tag{2-7}$$

式中，T_i 为加权系数，是各电极的静电信号强度；F_{ei} 为第 i 个电极的等效频率；F_s 为加权频率。

　　该方法以静电传感器的空间滤波特性为基础，充分利用阵列式静电传感器局部敏感特性和 EMD 对高频高能信号的提取，结合加权平均的方法，以最终获取的加权频率描述管道内截面的平均颗粒运动速度，从而表征表观气速。

3. 研究及应用

Zhou 等[17]利用阵列式静电传感器开发了测量气固两相流的浓度场的静电网格法，并将这种方法应用到旋流燃烧器颗粒浓度场的测量中，分析了一次风煤粉浓度、内外二次风风量的变化对旋流燃烧器浓度场的影响。图 2.8 为测量回路和传感器布置方法。

Qian 等[18]利用阵列式静电传感器研究了电站给粉管道中的颗粒运动情况，达到在线测量的目的。主要测量的运动参数有速度、质量流量和颗粒分布情况等。采用三电极测速系统，如图 2.9 所示。

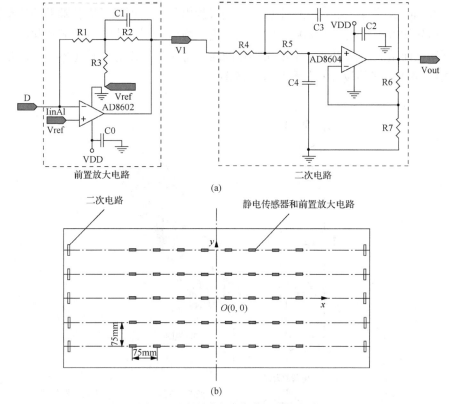

(a)

(b)

图 2.8　测量回路和传感器布置方法

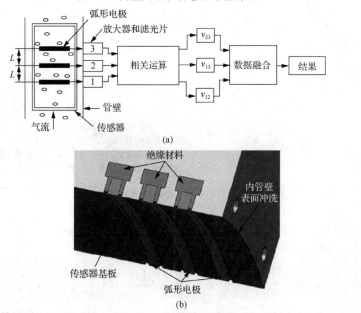

(a)

(b)

图 2.9　测速系统和传感器布置

Zhang 等[19]在鼓泡流化床中应用阵列式静电传感器测量了固体颗粒的流动特性。信号均方根值显示在颗粒浓的区域，更多静电电荷产生，且随着流化床流化速度增大而增大。结果证实了浓相颗粒的运动特性可以用静电传感器阵列测量。图 2.10 是传感器的设计和信号处理示意图。

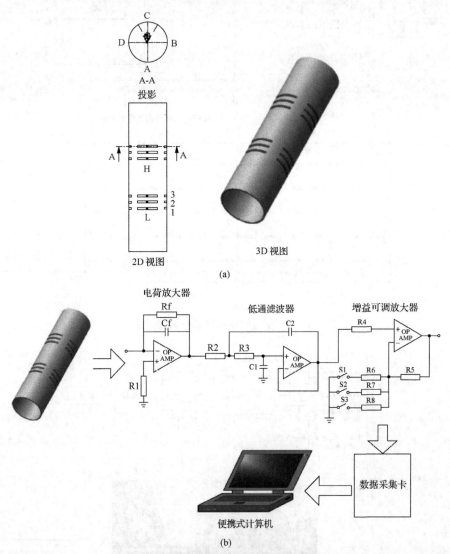

图 2.10　传感器设计和信号处理示意图

2.2　微　波　法

虽然间接测量法比直接测量法成熟，但是由于间接测量法都是通过测量一些中间参数并通过相应转化来获得煤粉浓度的，而在电站现场对这些参数如压力、温度等进行测量时，不可避免地存在较大的测量误差，造成煤粉浓度的计算存在不可预测性。所以从应用前景上来看，直接测量法明显优于间接测量法[20]。

近年来，微波测量方法作为直接测量法的一种，以其特有的精度高、测量便捷、更换简单、实时性强等诸多优点，越来越被人们重视，并已作为煤粉浓度测量法的重点研究对象。

2.2.1 微波测量煤粉浓度原理

微波通常是指波长为 1mm～1m 范围内的电磁波，其相应的频率的范围为 300MHz～3000GHz。微波通常被划为分米波、厘米波、毫米波和亚毫米波，但是在实际应用中，还常把它们划分为更细的分段，并用拉丁字母作为各个分段的代号和称谓，如表 2.2 所示。

表 2.2　微波常用波段的划分及其代号[21]

波段代号	频率范围/GHz	波段代号	频率范围/GHz
P	0.75～1.12	K	18～26.5
L	1.12～1.7	Ka	26.5～40
LS	1.7～2.6	U	40～60
S	2.6～3.95	E	60～90
C	3.95～5.85	F	90～140
J	5.85～8.2	G	140～220
X	8.2～12.4	R	220～325
Ku	12.4～18		

煤粉浓度是指在输煤管中单位质量的空气所携带的煤粉质量，即 $u = \dfrac{m_{煤粉}}{m_{空气}}$，在电站锅炉现场，它的范围为 0.2～0.8kg/kg[22]。

微波测量方法是利用管内流动煤粉层对微波的吸收衰减作用来实现测量的。当输煤管内没有煤粉时，管内就只有空气，而空气和真空一样被视为理想介质，当微波传输穿过理想介质时是不会产生衰减的，所以此时可以将整个管道看成一种均匀无耗传输线，在微波传输路径上任意一点处的电压(U_Z)和电流(I_Z)的表示式为

$$U_Z = U_l \mathrm{e}^{\mathrm{j}\beta Z} \tag{2-8}$$

$$I_Z = I_l \mathrm{e}^{\mathrm{j}\beta Z} \tag{2-9}$$

当管内放入煤粉时，由于煤粉是一种有损介质，此时微波穿过输煤管会产生

色散和衰减, 用傅里叶展开的方法求解上述方程, 其解如下。

在频域中的电波和磁波方程式表示如下[23]:

$$\nabla^2 E = j\omega\mu(\sigma + j\omega\varepsilon)E \qquad (2\text{-}10)$$

$$\nabla^2 H = j\omega\mu(\sigma + j\omega\varepsilon)H \qquad (2\text{-}11)$$

对于沿微波传输正 Z 方向, 它们解变为

$$\frac{\partial^2 E_Z}{\partial E^2} = j\omega\mu(\sigma + j\omega\varepsilon)E_Z \qquad (2\text{-}12)$$

$$\frac{\partial^2 H_Z}{\partial Z^2} = j\omega\mu(\sigma + j\omega\varepsilon)H_Z \qquad (2\text{-}13)$$

其复频解为

$$E_Z = E_0 e^{-\alpha Z} \cos(\omega t - \beta Z) \qquad (2\text{-}14)$$

$$H_Z = \frac{E_0}{\eta} e^{-\alpha Z} \cos(\omega t - \beta Z) \qquad (2\text{-}15)$$

由上可知, 电波和磁波是衰减的正弦(或余弦)波, 其振幅沿波传播方向按指数规律衰减, 衰减的速度决定于因子 α, 故 α 称为衰减常数, β 称为相移常数, α、β 除了与频率有关, 还与 ε、μ 有关。对于混合物而言, ε、μ 不仅与混合物的成分有关, 还与混合物中各成分的体积比有关[24-28]。用微波测量方法测量煤粉浓度时, 由于输煤管内的煤粉流本身就是一种煤粉和空气的混合物, 而微波测量频率和管内的煤质在测量过程中是确定不变的, 所以当微波传输通过输煤管时产生的衰减只与管内煤粉和空气的体积比有关, 即只与煤粉和空气的质量比(即煤粉浓度)有关。

利用微波的衰减大小只与锅炉煤粉浓度有关的特性, 通过实验测量出微波衰减随煤粉浓度的变化关系, 只要能够证明出这两者之间是一种单调曲线的关系, 即可证明微波测量方法是切实可行的。因为这种单调曲线的关系保证了每一个微波衰减值就必然对应于一个煤粉浓度数值, 所以只要测量出微波衰减数值就可唯一确定出煤粉浓度数值。

2.2.2 微波测量煤粉速度原理

在直吹式制粉系统中, 锅炉输粉管道内流动的是含煤粉的高速气流。用传统的差压法测量风速, 不能解决前端测量元件的磨损和被堵塞的问题, 采用微波衰

减测量技术和相关法，可准确测量直吹式制粉系统一次风的风速。使用特殊耐磨材料制作的测量探头，可解决测量过程中前端测量元件的磨损和被堵塞问题，为直吹式制粉系统锅炉提供准确可靠的监测手段。

锅炉输粉管道中的风煤气流是典型的两相流体。对两相流体，用相关法原理进行速度测量是比较好的方法。所谓相关法，就是当被测流体在管道内作稳态流动时，在上、下游的两个微波传感器及变送器所拾取的随机流动噪声信号，可认为是符合各种状态的两个样本函数。同时，只要两个传感器的间距布置合理，且两个传感器及变送器的静态性能一致，则可认为两个随机流动信号是相似的，具有相关性。两者信号之间的相关时间，就是被测流体在测量间距内流动的时间。因此，管道内风速的非接触式测量问题就被转化为随机流动噪声信号的拾取和相关函数的计算问题，确定了两者信号的峰值时间就解决了两相流的测量问题。

利用相关法测量风速的原理是：采用微波传感器获取两相流体的流动噪声信号，经相关处理后，求得离散相的平均风速。

用相关法进行风速测量的示意图如图 2.11 所示。该系统可用微波传感器获取两相流体的流动噪声信号。4 个微波传感器探头分成两组，微波探头 1、2 作为上游传感器，微波探头 3、4 作为下游传感器。微波探头 1、3 作为微波发射探头，用于在锅炉输粉管道中激励微波，微波探头 2、4 作为微波接收探头，用于获取锅炉送粉管道中风煤两相流的噪声信号。信号源向微波发射探头输送微波信号，相关器可对风煤两相流的流动噪声信号进行相关处理。

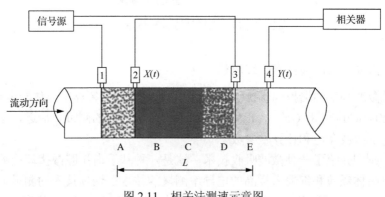

图 2.11　相关法测速示意图

如图 2.11 所示，当某段煤粉混合物流过微波探头 1、2 和微波探头 3、4 之间时，微波接收探头就能收集该段混合物的浓度、温度、风煤混合程度等相关因素的信号。因为在不同时刻、不同管段间的煤粉混合物的浓度、温度、风煤混合程度等因素不可能完全相同，所以接收探头接收到的信号是随机信号，即流动噪声信号。但当探头之间的间距 L 不超过某个值，同一段风煤混合物(如 A 段)分别流过微波探头 1、2 和微波探头 3、4 之间时，在微波探头 2、4 上接收的信号在形式上应具有很强的相关性，但在时间上存在一个延时 τ。即如果微波探头 2 测到的信号为 $x(t)$，则在微波探头 4 上测到的信号为 $y(t)=x(t-\tau)$。而延时 τ 就是流体流过距离 L 所用的时间。相关器将采集微波探头 2 上的信号 $x(t)$ 和微波探头 4 上的信号 $y(t)=x(t-\tau)$。当信号数量足够多时，相关器对数据进行相关处理后，就可得到延时 τ。由 L、τ 就可计算出流体的平均流动速度 v，即[29]

$$v = \frac{L}{\tau} \tag{2-16}$$

只要 L 选择合理，就能保证平均流动速度的计算精度。用这种方法求得的速度，只与 L、τ 有关。测量系统图如图 2.12 所示。

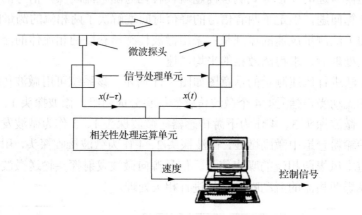

图 2.12　风煤的微波测量整体系统图

2.2.3　国内外微波测量技术研究现状

测量微波频率的谐振腔微扰法，可以被用于 $CdTe$[30]、超离子导体导电玻璃[31]、超导体 $YBa_2Cu_2O_7$ 和 Gd[32]，以及其他材料[33,34]的性能的测量。最近，这个方法也被应用于微波介电和计算磁参数[35]。

Liu 等[36]介绍了一种微波吸收技术，这是一种基于谐振腔微扰理论的、适用于微小单晶体颗粒和细粉末样品的电导率测量的技术。这项技术的测量适用范围为电导率 $\sigma<0.1$ 或 σ 取 $0.1\sim100$。如果材料的深度显著小于样本维度，则电导率值的计算会引入一个显著误差；然而，这种差异是可以被纠正的，它与磁场衰减和微波的穿透深度有关。这种微波吸收技术用于有高表面/体积比例的小颗粒，如催化剂支持物和氧化物催化剂，可以提供半导体表面吸附和催化过程的基本信息。

与直流方法相比，微波吸收测量方法具有以下优点。

(1)电流模式更少依赖于样本集合。

(2)表面和内部都可测量，因为微波辐射可以穿透整个样本。

(3)样本之间的欧姆接触电压和电极问题可以消除。

(4)粉末的绝对数值可以获得，因为电荷载体跳跃在晶界和颗粒间的接触可以避免或最小化。

此外，当结合电荷载流子迁移率测量的同时使用微波腔霍尔效应技术，就可以计算电荷载体密度[37]。

基于微波技术的水分测量属于低功率微波能的应用范畴。利用微波法检测含水量的主要原理是以微波作为信息传递的媒介，利用被测物料对微波具有反射、透射、谐振和多普勒效应，以及对水分等非电参量有敏感响应的微波传感器将被测物料的水分转化为微波电参量的变化进行测量[38]。

微波固体流量计[39]适用于金属管道内气动输送或自由落体过程中的在线测量。利用传感器与管道之间特殊耦合的电磁场产生一个测量场。物料经过测量场，同时传感器发射低能量微波信号并接收反射回的能量，其中微波反射频率与发射频率产生频差，在流量计输出端产生低频交流电压，相当于 1 个微波计数器，记录单位时间内物料的体积流量，最终达到检测物料的数量和流速的目的。微波固体流量计工作原理如图 2.13 所示。

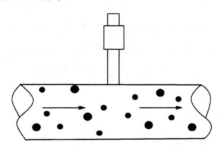

图 2.13　微波固体流量计工作原理

江华东[40]介绍了一套完整的微波固体测量系统，包括传感器及安装底座、中央处理单元 FME（feature manipulate engine）、C-Box 接线盒（连接传感器与中央处理单元）。传感器与中央处理单元之间采用 RS-485 Modbus 连接，当距离超过 1.8m 时，需采用 C-Box 接线盒。系统组成如图 2.14 所示。

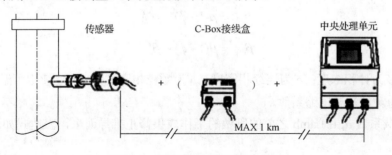

图 2.14　微波固体测量系统的构成

　　微波固体流量计作为其中的一类测量装置，具有成本低廉、对环境要求低、实时性强等其他装置无法比拟的优势。吴林文[39]以测量气力输送管道中固体颗粒的质量流量为背景，在理论分析和仿真对比的基础上，重点对微波固体流量计的测量机理和信号处理方法进行了研究。

2.3　超声波方法

　　1928 年，德国诞生了超声波流量测量方面的首项专利，此后由于该方法具有高精度、宽量程比、高可靠性及非侵入式测量的优点，在电力、石油、供水、化工、煤矿、冶金、环保等部门的应用越来越广泛。根据检测原理的不同，超声波流量计大致可以分为传播速度差法、多普勒法、波束偏移法、相关法以及噪声法等类型[41]。近年来的研究工作已将超声波流量计引入气固两相流流速的测量中。

2.3.1　两相介质声速和声衰减预测模型概述

1. Urick 模型概述

　　Urick 模型是一个提出较早且较为简单的理论模型，其对于声速和声衰减的计算是通过两个分立的方程求解的，在建立模型的过程中做了如下假设[42]。

　　(1) 声波速度与频率、颗粒大小及形状无关，而衰减与频率相关。

　　(2) 不考虑散射的影响。

　　(3) 长波假设，即 $R \ll L$。

　　(4) 忽略热传导的影响。

　　(5) 颗粒为单一尺寸的球体。

　　悬浮液中声速的表达式为

$$v_c = (\rho_{\mathrm{eff}} \beta_{\mathrm{eff}})^{-1/2} \tag{2-17}$$

式中，ρ_{eff} 为等效密度；β_{eff} 为等效压缩系数。它们的表达式为

$$\rho_{\mathrm{eff}} = \rho(1-\phi) + \rho'\phi \tag{2-18}$$

$$\beta_{\mathrm{eff}} = \beta(1-\phi) + \beta'\phi \tag{2-19}$$

式中，ϕ 为体积浓度；ρ 为连续相密度；ρ' 为颗粒相密度；β 为连续相等温压缩系数；β' 为颗粒等温压缩系数。

　　衰减系数 α 由 Lamb 之前的所做的工作成果修正推导而来，表达式如下：

$$\alpha = \frac{\phi}{2}\left\{\frac{k^4 R^3}{3} + k(\sigma-1)^2 \frac{36b^2 R^2(bR+1)}{[9(bR+1)]^2 + (4\sigma b^2 R^2 + 2b^2 R^2 + 9bR)^2}\right\}$$

$$b = \left(\frac{\omega\rho}{2\mu}\right)^{1/2}, \quad \sigma = \frac{\rho'}{\rho} \tag{2-20}$$

式中，μ 为连续相的黏度；ω 为角频率；k 为连续相的波数。从式 (2-20) 可以观察到声衰减主要和颗粒质量、连续相黏度及声波频率相关，包括两个部分，第一项 $\frac{k^4 R^3}{3}$ 在高频、大颗粒条件下（如 k、R 取大值）起主导作用，第二项 $k(\sigma-1)^2$ $\frac{36b^2 R^2(bR+1)}{[9(bR+1)]^2 + (4\sigma b^2 R^2 + 2b^2 R^2 + 9bR)^2}$ 表征颗粒相对运动引起的摩擦损耗。

2. Urick-Ament 模型概述

基于 Urick 模型，Urick 和 Ament 推导出两相媒介中的复波数表达式，称为 Urick-Ament 模型。其表达式为

$$k_c^2 = k^2 \frac{\beta_{\text{eff}}}{\beta}\left\{1 + \frac{3\phi\xi\left[bR(2bR+3) + 3i(bR+1)\right]}{bR(4\xi bR + 6bR + 9) + 9i(bR+1)}\right\}$$

$$\xi = \frac{\rho' - \rho}{\rho}$$

复波数 k_c 为

$$k_c = \omega/V(\omega) + j\alpha(\omega) \tag{2-21}$$

模型推导过程中做出如下假设：

(1) 速度和衰减与频率及 bR 有关。

(2) 分散相粒子为球形、可动的、可压缩的。

(3) 忽略连续相介质对超声的吸收。

(4) 忽略复散射及粒子占用的空间。

由上述假设可以推断：Urick-Ament 模型适用于低浓度的两相媒介中超声衰减及相速度的预测，由于忽略了连续相的声吸收作用，模型对于衰减的预测结果偏小[43]。

3. ECAH 理论模型

ECAH 理论模型是在颗粒两相流检测中最为常用的超声理论模型。Epstein 于 1953 年首次提出了一个描述声波与球形颗粒相互作用过程的数学模型[44]。模型不仅考虑了液体介质的黏性和固体的弹性效应，同时还考虑了热传导影响。Epstein 还和 Carhart 一起推导出一个详细的理论解，并用此说明热损失在声衰减中的影

响。在此基础上，Allegra 等[45]考虑了固体颗粒对声波的吸收与散射的效应，进一步发展了这一模型。该模型现在通常被称为 Epstein-Carhart-Allegra-Hawley 模型，简称 ECAH 模型。该模型第一次从理论上较为全面地考虑了各种声衰减因素的影响，并获得了切实可行的解。20 世纪 90 年代，Challiis 等[46,47]和 Homels 等[48,49]在理论、数值模拟和实验验证等方面对此模型进行了较为详细的探讨。21 世纪初，文献[50]~[53]将这一模型成功地应用于颗粒两相介质的颗粒粒度表征中，并研究了涵盖约束算法和非约束算法两大类的多种反演算法，并将这一模型进一步拓宽至颗粒粒度分布表征和高浓度浆料颗粒粒度表征中。

　　整个模型推导过程可以描述如下：首先，当平面压缩波入射到液固界面球面上时，在颗粒体的内部和外部会产生一组压缩波、热波与剪切波，分别从边界进入球体及返回到液体介质中。通过守恒型流体力学中质量、动量和能量守恒定律、应力应变关系以及热力学状态方程推导出压缩、剪切波、热波在弹性、各向同性、导热的固体介质以及连续相介质中的波动方程；其次，在球坐标下求解所得波动方程，按照球谐函数和球贝塞尔函数的级数展开，其中包含待定散射系数；最后，利用颗粒相与连续相界面上的边界条件，便可以得到一个 6 阶的线性方程组，求解这个 6 阶线性方程组便可以得到与复波数有关的压缩波散射系数 A_n。

　　复波数表达式[54]为

$$\left(\frac{k}{k_c}\right)^2 = 1 + \frac{3\phi}{jk_c^3 R^3}\sum_{n=0}^{\infty}(2n+1)A_n$$

式中

$$k = \omega/c_s(\omega) + j\alpha_s(\omega) \tag{2-22}$$

k_c 为压缩波复波数；α_s 和 c_s 分别为颗粒两相介质的声衰减系数和声速；ϕ 为颗粒相体积浓度，$\dfrac{3\phi}{4R^3}$ 表示单位体积中的颗粒数，通过这种表达方式可以将总的能量损失简单地设想为与单位体积内颗粒数目浓度成正比；A_n 为压缩波散射系数，它表示被单个颗粒散射的压缩波场的幅度大小，它与 n 阶球汉克尔函数有关，表示声场随距离的衰减程度。其中，系数 A_0 的物理意义包含以下三个方面。

　　(1)两相介质不同的压缩率产生的效果表现为颗粒相材料和连续相材料在声压的作用下产生了不同的体积形变。

　　(2)以压力-温度耦合的形式体现的热波效果，包括颗粒相与连续相间不同的热膨胀系数引起的效果以及颗粒相与连续相的热流动程度不同所引起的效果。

　　(3)材料取代的基本效果是由颗粒相材料与连续相材料波速的差别引起的。假如引入复波数概念，则复波数同时与颗粒相材料和连续相材料不同的声吸收相关。

　　系数 A_1 表示黏性损失，主要由颗粒作相对介质的滑移运动所引起，根本原因在于颗粒和连续介质两相介质之间存在的密度差。在波长远大于颗粒粒径的长波条件下，$n>1$ 的系数减小很快，可以不再考虑。此时散射系数 A_n 仅剩 A_0 和 A_1 两项。如果此时两相间密度非常接近，那么 A_1 项也可以被忽略，结果以 A_0 主导；而对于两相间密度差比较大的情况，求解结果则由系数 A_1 主导，A_0 在多数情况下也可以不再考虑。

系数 A_2 及其他更高阶次系数表示了颗粒共振(当颗粒的本征频率和超声频率相同时发生)的情况，与高阶的汉克尔函数和勒让德多项式有关，意味着其散射声场非常复杂。对单个颗粒而言，共振散射的强弱受到黏弹拉梅常数的影响；对服从高斯分布的多分散颗粒系而言，声衰减系数的共振散射强弱受颗粒粒径分布范围和对应粒径颗粒数目的影响。然而大部分的胶体颗粒物质共振发生于超声频率大于 100MHz时，故在一般纳米颗粒粒度表征中可以忽略这一影响。尽管从上述对 ECAH 模型的阐述中可以发现系数 A_n 非常关键，然而必须指出的是系数 A_n 的求解也是相当困难的。

首先，它需要非常多的物性参数，对颗粒和连续相均为 7 个，而且有些物性参数很难准确获得。因此，很多研究人员针对不同物性参数对测量结果的误差影响进行了研究。例如，Mougin 等[55]对平均粒径为 1μm、10μm、100μm 的谷氨酸有机晶体颗粒，采用某仪器进行粒径测量，讨论了不同参数的单独输入误差与引起颗粒粒径表征的误差大小的关系。

其次，它要计算各阶汉克尔函数(颗粒外部)和各阶贝塞尔函数(颗粒内部)，其计算量可想而知。函数自变量为复波数与颗粒粒径的乘积，贝塞尔函数和汉克尔函数在高阶或者函数自变量很大或很小的情况下，都可能会出现函数不收敛现象，并使得矩阵呈病态。当矩阵 M 的条件数大于 2 时(双精度计算 $m=18$)，直接导致数值计算不稳定，使线性方程组求解异常困难。另外，要想得到一个收敛的 A_n 序列，在计算前需要确定需计算的最高阶次 n，根据 O'Neil 等的研究[56]，可以由式(2-23)给出：

$$n \cong 1.05 k_c R + 4 \qquad (2-23)$$

即 n 为右端计算的取整。

4. "长波长"简化模型

超声波与颗粒的相互作用比较复杂，但在特定的物理情况下不同因素对颗粒的敏感性有较大不同。在实际的处理过程中，可以通过将敏感度较低的影响因素忽略的方式来大大简化超声传播过程的数学描述。

超声波具有很宽的频带，这意味着超声波具有很宽的波长范围。在考虑对模型进行可能简化处理时，首先考虑将颗粒粒径与波长相比较限制在一些特定区域，如当 $\lambda \leqslant R$ 和 $\lambda \geqslant R$ 时，模型的简化问题。通过对超声波波长和颗粒粒径的比较，可以按不同波长-颗粒粒径比将其分成 3 个区域(图 2.15)：

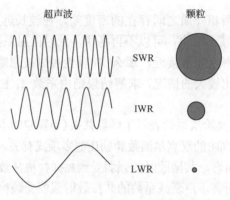

图 2.15　短波、中波和长波区示意图

长波区 (the long wavelength region，LWR)：$\lambda \gg R$，$\lambda > 20R$。

中波区 (the intermediate wavelength region，IWR)：$R \approx \lambda$，$R/25 < \lambda < 20R$。

短波区 (the short wavelength region，SWR)：$\lambda \ll R$，$\lambda < R/25$。

图 2.16 给出了声衰减在两个不同粒径区域间频谱的例子。通过对声衰减系数中不同损失机制的贡献成分分析可以看出：吸收 (此处指黏性损失和热损失) 和散射不同的颗粒粒径范围内对声衰减系数的贡献不同，而且只有很小的交集。通常情况下，可以形成这样一个概念：长波区声吸收占据主导地位，短波区声散射占据主导地位。所以，当散射和吸收分开时，ECAH 模型将得到大大简化。

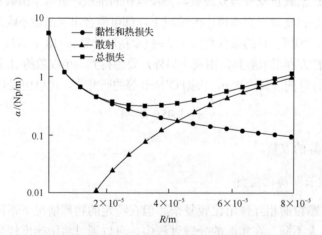

图 2.16　散射和黏性与热损失在不同区域对声衰减的贡献

长波区条件下，散射损失忽略不计，也就是说，在长波区内超声波在颗粒两相介质中传播所引起的能量衰减只需考虑三种主要的衰减形式，即连续相和颗粒相的本征吸收、颗粒相脉动损失、颗粒相振动损失。

(1) 本征吸收部分的损失是指颗粒相和连续相材料本身在分子水平上与声波

的相互作用，即前面声衰减部分提到的吸收机制。

(2) 颗粒相脉动损失可以看作热损失的一种形式。考虑在声压缩波中存在一个颗粒相对周围介质脉动，如果两相具有不同的热性质，那么温度波动在颗粒内部和连续相中是不一样的，在界面上就会出现温度梯度。这会削弱颗粒的脉动。温度在颗粒周围介质中衰减到界面值 1/e 的距离称为 "热厚度"，即 $\delta_T = \sqrt{2\tau/(\omega\rho C_p)}$。颗粒的脉动产生一个单极散射场，其振幅与 A_0 项有关。

(3) 颗粒振动损失可以看作黏性损失的一种形式。当颗粒和周围连续相介质的密度不一样时，有黏弹性的传递机制，超声波的出现使得一个净内力作用在颗粒上，引起颗粒对介质的相对运动，这种运动受周围介质的黏性影响，逐渐衰减。由颗粒振动产生的剪切波的振幅衰减到最界面值 1/e 的距离称为 "黏性厚度"，即 $\delta_v = \sqrt{2\eta/(\omega\rho)}$。这种振动产生偶极散射场，其振幅和 A_1 项有关。

这里的 A_0、A_1 为系数 A_n 的前两项。因此在长波区情况下，McClements 给出了更简洁的数学表达式[57-59]：

$$A_0 = -\frac{\mathrm{i}k_1R}{3}\left[(k_1R)^2 - (k_2R)^2\frac{\rho_1}{\rho_2}\right] - \frac{\mathrm{i}(k_1R)^3(\gamma_1-1)}{b_1^2}\left(1 - \frac{\beta_2 C_{p1}\rho_1}{\beta_1 C_{p2}\rho_2}\right)^2 H \quad (2\text{-}24)$$

$$A_1 = \frac{\mathrm{i}(k_1R)^3(\rho_2-\rho_1)(1+T+\mathrm{i}s)}{\rho_2+\rho_1 T+\mathrm{i}\rho_1 s} \quad (2\text{-}25)$$

式中

$$H = \left[\frac{1}{(1-\mathrm{i}b_1)} - \frac{\tau_1}{\tau_2}\frac{\tan b_2}{\tan b_2 - b_2}\right]^{-1}$$

$$b_1 = \frac{(1+\mathrm{i})R}{\delta_{T1}}, \qquad b_2 = \frac{(1+\mathrm{i})R}{\delta_{T2}}$$

$$\delta_{Ti} = \sqrt{\frac{2\tau_i}{\rho_i C_{pi}\omega}}, (i=1,2), \qquad \delta_v = \sqrt{\frac{2\eta_1}{\rho_1\omega}}$$

$$T = \frac{1}{2} + \frac{9\delta_v}{4R}, \qquad s = \frac{9\delta_v}{4R}\left(1+\frac{\delta_v}{R}\right)$$

下标 "1" 表示连续相，下标 "2" 表示颗粒相；ρ 为密度；τ 为导热系数；β 为热膨胀系数；C_p 为定压比热容；$\gamma_1 = 1 + T\beta_1^2 C^2/C_{p1}$ 为比热比；C 为声速；T 为热力学温度。

2.3.2　一次风流速和煤粉浓度测量系统

乔榛[43]在实验室大量的测试实验基础上，设计了适合电站应用的一次风流速和煤粉浓度在线测量系统的工程样机，并开发了配套的软件。首先选用合适的超声波的发送、信号接收与数据处理设备，然后配合给粉实验台、风速测量实验台和模拟电厂工况的一次风模拟实验台，进行实验研究工作。

超声波发送与接收设备主要包括发送与接收传感器、驱动信号源、驱动放大器、带通微弱信号放大器与高速数据采集单元及工控机等。

通过浓度、速度可控的给粉装置修正声衰减。

1. 固相浓度测量

研究声衰减-固相浓度的关系，必须获知测量区域的固相浓度 ϕ。

收、发传感器之间的空间称为被测区，煤粉自上而下以 v' 的速度穿过该区域，固相浓度可以表示为

$$\phi = \frac{m}{\rho' S v'} \tag{2-26}$$

式中，m 为通过该区域的煤粉的质量流量；ρ' 为煤粉密度；S 为被测区水平方向的面积。为了获知 ϕ 的值，还需要确定的参数有 m、v'。m 的值采用动态称重的方法测定：在测量区下面放置一台天平，天平可以通过 RS-232 通信接口与计算机连接，采集存储落粉的质量流量的动态数值。求出的 ϕ 为布粉区的平均值，由于布粉性能的限制，煤粉在空间上的分布并不均匀，需要确定修正系数才能得到被测区 ϕ 的有效值。实验使用 10×10 管阵列，通过分别测量落在每个管中的煤粉重量，得到落粉的空间分布情况，继而得到修正系数。

2. 煤粉颗粒下落速度测量

确定式(2-26)中 v' 的一个方法是：首先认为该速度是煤粉颗粒的自由沉降终速，然后使用公式计算。

颗粒群达到自由沉降终速时，流动阻力等于重力与空气浮力之差。此时式(2-27)成立[60]：

$$F_r = \frac{\pi R^2}{2} C_D \rho v'^2 = (\rho' - \rho) \frac{4}{3} \pi R^3 g \tag{2-27}$$

式中，C_D 为阻力系数。一般使用半经验公式确定其值，但不同实验条件下得到的表达式相差较大，代入雷诺数 Re 的表达式，得到颗粒群的自由沉降速度表达式。以下是 Ingebo 以雾滴为实验对象使用摄像的方法总结出的经验公式，以及单颗粒

在 Stokes 区的自由沉降速度。

当 $C_D = \dfrac{27}{Re^{0.84}}$ 时，

$$v' = \left[\frac{8 \times 2^{0.84}(\rho' - \rho)R^{1.84}g}{81\rho^{0.84}\mu^{0.84}} \right]^{\frac{1}{1.16}} \tag{2-28}$$

当 $C_D = \dfrac{24}{Re}$ 时，

$$v' = \frac{2}{9}\frac{g(\rho' - \rho)R^2}{\mu} \tag{2-29}$$

分别使用式(2-28)和式(2-29)计算煤粉颗粒的自由沉降速度，两者的结果相差很大，甚至相差 5 倍，而且不能确定实验中煤粉是否达到沉降终速。因此，若要得到更为准确的煤粉下落速度，应该采用直接测量的方法。

典型的测量方法有粒子图像测速(particle image velocimetry，PIV)技术、激光双焦点测速方法等，根据实际情况，本书利用煤粉的消光效应，使用相关法测量煤粉的下落速度。

如图 2.17 所示，整个装置由平行光源、带有透光缝隙的遮光板、传感器遮光罩、光电传感器等组成。遮光罩只有顶端可以接收光线，这样，一方面可以提高抗干扰能力，另一方面可以防止煤粉沾染光电传感器。平行光源透过遮光板，被光电传感器接收，从而转化为直流电压信号。当煤粉沿着图示方向下落时，依次经过光电传感器 a、b、c，这时由于消光效应，三个传感器的输出信号将会依次减弱，通过相关算法计算时间差，从而计算出煤粉的下落速度。

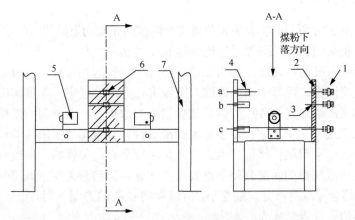

图 2.17　煤粉下落速度测量装置

1-平行光源；2-遮光板；3-透光缝隙；4-遮光罩；5-超声波传感器；6-光电传感器；7-支架

为了定量地测量煤粉对超声波的衰减作用，确定声衰减系数，利用上述给粉实验台，提供浓度可控的煤粉。空气两相介质气氛，利用动态称量确定两相介质中固相的浓度，同时测量超声波在该气固两相介质中的衰减，然后对测得的声压信号进行温度修正，从而得到衰减-质量流量对应关系。由于煤粉的下落具有一定速度，在落至天平的称重平面后，速度突降必然导致附加的力作用于天平，可能造成质量流量的测量结果存在偏差，且给粉台布粉存在不均匀的问题，需要在测定煤粉的下落速度和水平面分布后对被测区的有效质量流量进行修正。将修正后的结果代入对应公式，即可得到衰减-固相浓度之间的关系。

2.4　图像 CCD 方法

2.4.1　粒子图像测速技术

PIV 技术作为一种先进的全流场、瞬态、无接触测量技术已广泛应用在各种定常、非定常的单相流动测量中。而多相流动的测量，特别是各个相速度的同步测量，近年来才引起国内外学者的关注。

目前对多相流动的 PIV 测量基本采用两类方法：①通过硬件实现，例如，在摄像头前加一层滤光片，只拍摄示踪粒子图像，或采用两套光源系统；②通过一定算法，处理所拍摄的两相流数字图像。第一种方法，硬件价格昂贵，测量成本较高，另外由于需要调试复杂的光学系统，给测量带来不便。对于第二种方法，目前多采用单一的 PIV 算法同步测量不同相的速度。但由于多相流不同相具有不同的特性，用单一的方法处理会带来较大的测量误差。

1. 图像粒子标定

通过如图 2.18 所示的实验装置获得连续两帧两相流动原始数字图像(图 2.19)，由高速摄像机采集得到，图像采集速度达 6000 帧/s。

根据图像灰度的不连续性和相似性，将粒子、气泡和背景三者分离，得到需要的粒子灰度图像。可基于如下标准对图像进行分离：选定一灰度阈值 T，当像素灰度 $m(0 \leqslant m \leqslant L)$ 大于阈值 T 时，该像素为对象像素，否则为背景像素，其中阈值 T 的选取最为关键，它决定了分离的准确性，直接影响了最终的测量结果，因此建立算法以求得最佳阈值。因为方差是灰度分布均匀性的一种度量，方差值越大，说明构成图像的两部分差别越大，当部分目标错分为背景或部分背景错分为目标时，都会导致两部分差别变小，所以类间方差 $\sigma(T)$ 最大时，错分概率最小，得到最佳阈值，计算公式为

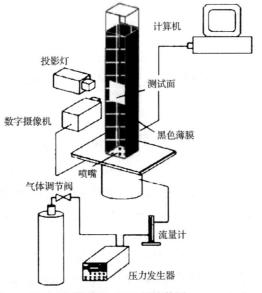

图 2.18　PIV 测速装置

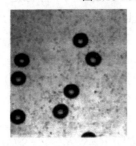
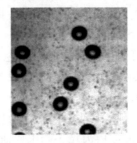

(a) 第一帧图像　　　　　　　　(b) 第二帧图像

图 2.19　连续的两帧两相流动原始图像

$$\sigma(T) = w_0(u_0 - u)^2 + w_1(u_1 - u)^2, \qquad T = 0,1,\cdots,L-1 \qquad (2\text{-}30)$$

$$w_0 = \sum_{i=0}^{T} P_i / P, \qquad w_1 = \sum_{i=T+1}^{L-1} P_i / P, \qquad u_0 = \sum_{i=0}^{T} iP_i \left/ \sum_{i=0}^{L-1} P_i \right. \qquad (2\text{-}31)$$

$$u_1 = \sum_{i=T+1}^{L-1} iP_i \left/ \sum_{i=0}^{L-1} P_i \right., \qquad u = w_0 u_0 + w_1 u_1 \qquad (2\text{-}32)$$

式中，P_i 为灰度值为 i 的像素的数目；P 为图像中总像素数目。这样将粒子和气泡从背景中提取出来。

2. 两幅粒子图像的互相关

通常的 PIV 提取速度场的算法是在间隔时间的两帧图像的相同位置上选取两个查询窗口 $f(i,j)$ 和 $g(i,j)$，窗口的大小为 $M \times N$，将 $f(i,j)$ 和 $g(i,j)$ 按式 (2-33) 进行互相关：

$$\Phi_{fg}(m,n) = \sum_{i=0}^{M-1} \sum_{j=0}^{N-1} f(i,j) g(i+m, j+n) \tag{2-33}$$

相关函数 Φ_{fg} 峰值所在的位置即粒子的平均位移。为了加快运算速度，通常采用快速傅里叶变换 (fast Fourier transform，FFT) 算法，但其中存在一些问题：①两个窗口的大小是一样的。由于粒子的运动，在第一帧图像查询窗口中存在的部分粒子，经过 Δt 时间，就会移出第二帧图像上相应位置的窗口，这导致部分信息损失，造成测量误差；②对于 FFT 算法，窗口的大小必须是 $2n$，$n=1,2,3,\cdots$，因此窗口大小的选取受到限制；③对于 FFT 算法，假设粒子图像是周期性的，在横向和纵向的周期分别为 M 和 N，则相关数据也是周期性的。当粒子实际位移 $(\mathrm{d}x, \mathrm{d}y)$ 大于 $(M/2, N/2)$ 时，测量结果会出现一个虚假值，即 $(\mathrm{d}x - M/2, \mathrm{d}y - N/2)$。因此本书采用改进的基于 FFT 的互相关算法：①将第二个窗口 I_2 扩大至 $(M+2D_{max}, N+2D_{max})$，D_{max} 为粒子的最大位移；②$(M+2D_{max})$ 和 $(N+2D_{max})$ 不一定是 $2n$，将 I_2 往右和往下附 0，扩大至 $2n$；③将第一个窗口 I_1 往右和往下附 0，扩大至和 I_2 一样大小的窗口，对新生成的两个窗口进行互相关，其峰值位置即粒子的平均位移 S_x、S_y，求得查询窗口内粒子的平均速度即 $V_x = S_x/\Delta t$，$V_y = S_y/\Delta t$。遍历整幅图像，得到如图 2.20 所示的流体速度场分布[61]。

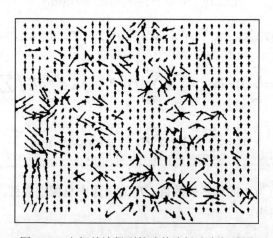

图 2.20　由相关法得到的液体流场速度矢量图

2.4.2　粒子跟踪测速技术

粒子跟踪测速(particle trajectory velocimetry，PTV)是一种全新的无扰、瞬态、全场速度测量的方法，直接跟踪流场中的示踪粒子的运动，避免了 PIV 方法的平均效应，具有准确、直观的特点。PTV 的图像处理过程主要分为图像识别与粒子配对过程。目前，在 PTV 技术研究中，常用的图像识别过程多采用统一灰度阈值方法进行。对于光照比较均匀的流场中的粒子图像采用统一灰度阈值带来的问题并不明显。但是对于多数光照并不很均匀的流场来讲，由于粒子的亮度值存在较大的差别，如果阈值选择得过高，目标像素点误划为背景，检出的物体区域会偏小，反之分割出来的区域会偏大，从而使得粒子的识别效率较低。蔡毅等[61]提出了一种采用人工智能技术的颗粒识别技术，从而使得颗粒的识别数量与效率得到较大的提高。

首先获取连续两帧粒子图像，时间间隔Δt 一定且足够短，并且被测速流体的运动速度在时间和空间上都没有剧烈突变。PTV 方法的目的是识别第一帧图像(t时刻)上每个粒子在第二帧图像($t+\Delta t$ 时刻)上的位置。通过计算两帧图像中各粒子与其配对粒子的形心坐标，计算可得粒子的运动位移Δl，假设图像放大率为 M，则粒子的速度可以通过式(2-34)求得：

$$v = \frac{\Delta l}{M\Delta t} \tag{2-34}$$

因此，PTV 算法的关键问题是如何对两帧图像中的粒子进行正确的配对。

PTV 测速方法也可以通过高质量的一帧图片实现。浙江大学的 Wu 等[62]开发了一种颗粒轨迹跟踪测速及测粒径的方法。测量系统图如图 2.21 所示，图 2.22 为颗粒轨迹图以及处理方法。

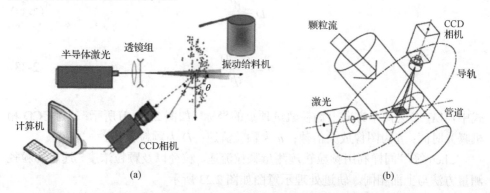

(a)　　　　　　　　　　　(b)

图 2.21　在线 PTV 测量系统的实验室结构图以及工业运用系统图

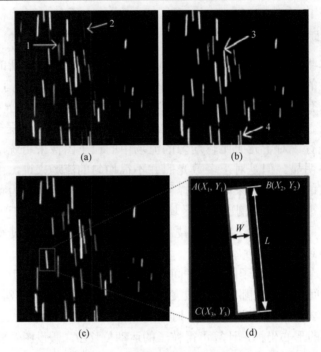

图 2.22　颗粒轨迹图及处理方法

颗粒流速和粒径由下列式子得到

$$L = \sqrt{(X_3 - X_1)^2 + (Y_1 - Y_3)^2} \tag{2-35}$$

$$W = \sqrt{(X_1 - X_2)^2 + (Y_1 - X_2)^2} \tag{2-36}$$

$$D = \frac{W}{\beta} \tag{2-37}$$

$$u = \frac{L - D}{\tau\beta} \tag{2-38}$$

式中，(X_i, Y_i) 为两个方向上颗粒轨迹顶点的坐标，如图 2.22(d)所示；τ 为 CCD 相机曝光时间；β 为图像放大倍数；u 为颗粒流速；D 为颗粒粒径。

Chen 等[63]同样利用颗粒轨迹测量颗粒流速、粒径以及颗粒浓度，速度和粒径测量方法与上面相同。轨迹处理示意图如图 2.23 所示。

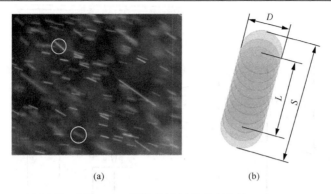

(a)　　　　　　　　　　(b)

图 2.23　颗粒轨迹图像处理方法

速度与粒径测量如下所示：

$$v = \alpha \frac{L}{\tau} = \alpha \frac{S-D}{\tau} = \alpha w \frac{n_L - n_W}{\tau}, \qquad D = \alpha w n_W \tag{2-39}$$

式中，α 为图像放大倍数；τ 为曝光时间；n_L 和 n_W 为轨迹长度和宽度的像素数量；w 为像素尺寸。

浓度测量如下所示：

$$V = WH\delta_L, \qquad c = \sum_{n=1}^{N} \frac{\pi D^3(n)/6}{ZV} \tag{2-40}$$

式中，WH 为视野面积；δ_L 为视野深度；Z 为统计的总的图片帧数。

2.4.3　颗粒形状、粒径、浓度及数目分布测量

1. 多波长激光源测量生物质颗粒粒径及形状分布

Kent 大学的 Gao 等[64]研发了一种基于多波长激光源的图像测量技术用于测量颗粒的粒径大小以及形状分布，可应用于生物质颗粒的测量。测量系统图如图 2.24 所示。

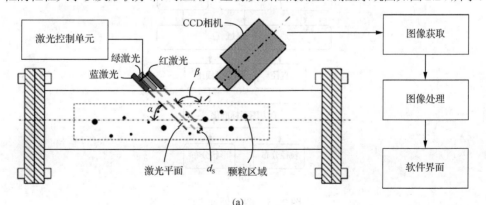

(a)

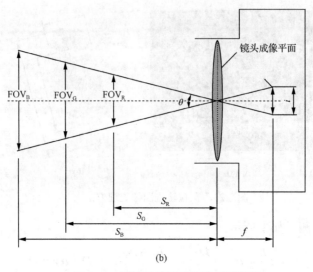

(b)

图 2.24　测量系统图及图像平面设置

图像处理方法及形状粒径拟合方法如图 2.25 和图 2.26 所示。

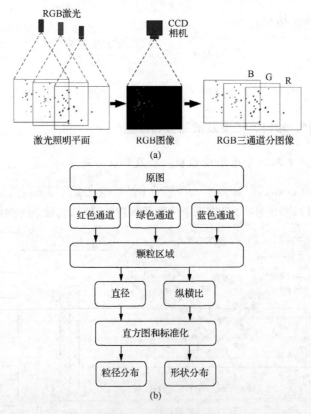

图 2.25　图像处理方法

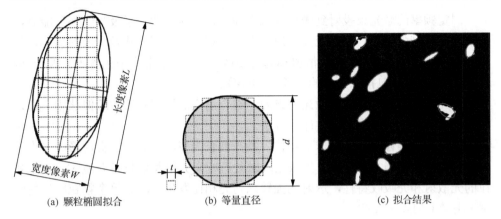

| (a) 颗粒椭圆拟合 | (b) 等量直径 | (c) 拟合结果 |

图 2.26 形状粒径拟合方法

颗粒等效圆面积可由式 (2-41) 计算，从而得出颗粒等效直径。

$$S_{\text{Particle}} = nt^2 = \pi \left(\frac{d}{2} \right)^2 \tag{2-41}$$

$$d = 2t \sqrt{\frac{n}{\pi}} \tag{2-42}$$

在形状处理中，颗粒近似椭圆，可得出颗粒的纵横比为

$$V = WH, \qquad R_a = \frac{L}{W} \tag{2-43}$$

2. 激光消光法测量粉尘浓度

1) 测量原理

当光线在介质 (如空气等) 中传播时，因介质中悬浮着微小颗粒或者介质密度不均匀所致，部分光线偏离其原来方向而分散传播的现象称为散射现象。光线在均匀的介质中传播，不产生散射现象。若在均匀的介质中加入少许粒径与光的波长数量级相近的颗粒，根据麦克斯韦电磁场理论，因介质折射率发生变化，次波干涉受到破坏而不均匀，产生光散射现象。亭达尔 (Tygdall) 散射是指由不均匀无规则地分散着的颗粒介质引发的光散射，其散射光的偏振规律及强度分布与散射颗粒粒径、颗粒对周围介质的折射率密切相关。

分子散射也称瑞利散射。它是指当介质内部密度发生变化，即介质光学均匀性因介质中分子无规则运动时，导致密度发生变化所引起的光散射现象。光线发生亭达尔散射或分子散射，其频率 (或波长) 均不发生变化。

固定频率的激光束投射到测量对象表面时，介质中的分子吸收一部分能量，分子化学键产生摆动和振动或原子出现摆动与扭动等不同形式及程度的振动，然后散射出频率较低的光，这种散射称为拉曼散射。拉曼散射光中包含不同波长(或频率)的散射光，包括原始光的波长(或频率)。

激光消光法是指以单色激光为光源，结合消光法原理和等效近似法则，通过测得消光比而得到粉尘浓度的计算方法。

假设被测颗粒是理想的球形颗粒，激光波长为 λ，经滤波准直后形成一束平行单色光，且光强大小为 I_0。当激光入射到厚度为 L 的待测颗粒介质时，由于颗粒的光散射和光吸收特性，透射光强较入射光相比发生衰减。单个颗粒的透射光强 I 满足下列表达式：

$$-\mathrm{d}I = l\tau\mathrm{d}l \tag{2-44}$$

式中，τ 为介质的浊度，与颗粒的消光截面有关，与光程 l 无关。

考虑整个颗粒群的空间分布，则颗粒群的透射光强具有以下关系式。

$$-\int_{I_0}^{I} \frac{1}{l}\mathrm{d}I = \int_{0}^{L} \tau\mathrm{d}l \tag{2-45}$$

进一步变换得到著名的 Beer-Lambert 定理：

$$I = I_0\exp(-\tau L) \tag{2-46}$$

假设在最简单的单分散系中，颗粒群是由 N 个粒径均为 D 的颗粒组成的分散系，且颗粒间满足不相关散射，颗粒迎光面积为 $-\frac{\pi}{4}D^2$，则透射光强为

$$I = I_0\exp\left(-\frac{\pi}{4}LND^2 K_{\mathrm{ext}}\right) \tag{2-47}$$

式中，K_{ext} 为消光系数，与颗粒的相对介质复折射率 m、粒径 D 以及入射光波长 λ 有关。根据 Mie 散射理论推导：

$$K_{\mathrm{ext}} = \frac{2}{\alpha^2}\sum_{n=1}^{\infty}(2n+1)Re(a_n + b_n) \tag{2-48}$$

式中，$\alpha = \pi D / \lambda$；a_n、b_n 为 Mie 系数。

若被测颗粒属于多分散系，在粒径分布范围 $D \in (a,b)$ 内，a、b 分别为颗粒粒径的下限和上限，$N(D)$ 表示粒径分布函数。推导出透射光强为

$$I = I_0 \exp\left[-\frac{\pi}{4} L \int_a^b N(D) D^2 K_{\text{ext}} \mathrm{d}D \right] \tag{2-49}$$

综上推导，通过测量获得消光 I/I_0 以及已知入射波长 λ、颗粒相对介质复折射率 m 和光程 l，则可求解出颗粒浓度及其粒径分布函数，颗粒体积浓度可表示为

$$C_v = \frac{\pi}{6} \int_a^b N(D) D^3 \mathrm{d}D \tag{2-50}$$

质量浓度：

$$C_m = \rho \frac{\pi}{6} \int_a^b N(D) D^3 \mathrm{d}D \tag{2-51}$$

结合消光比：

$$C_m = -\rho \frac{2\ln\left(\dfrac{I}{I_0}\right)}{3L \int_a^b K_{\text{ext}} N(D) / D \mathrm{d}D} \tag{2-52}$$

为了简化算法，考虑将多分散系颗粒浓度表达式转化为单分散系颗粒浓度表达式。一个粒径分布函数为 $N(D)$ 的多分散系，根据颗粒群平均粒径的定义，按等效消光法定义平均消光系数 $\overline{K}_{\text{ext}}$ 和索太尔平均粒径(Sauter mean diameter) $\overline{D}$：

$$\overline{K}_{\text{ext}} = \frac{\int K_{\text{ext}} N(D) D^2 \mathrm{d}D}{\int N(D) D^2 \mathrm{d}D} \tag{2-53}$$

$$\overline{D} = \frac{\int N(D) D^3 \mathrm{d}D}{\int N(D) D^2 \mathrm{d}D} \tag{2-54}$$

当 $\alpha < 4$ 时，由索太尔平均粒径 $\overline{D}$ 求解的平均消光系数 $\overline{K}_{\text{ext}}$ 可等效替代不同粒径分布函数 $N(D)$ 求解的消光系数 K_{ext}。实际上，α 上限可达到 30。

因此，单分散系颗粒质量浓度为[65]

$$C_m = -\rho \frac{2\overline{D} \ln\left(\dfrac{I}{I_0}\right)}{3\overline{K}_{\text{ext}} L} \tag{2-55}$$

2) 激光消光法测量系统

如图 2.27 所示，光路系统由全固态激光器 1、空间滤波器 2、准直透镜 3、分束镜 4 和角锥棱镜 6 组成。其主要功能是对激光束进行滤波、分束，将激光束调整平行以及改变光路走向，最后将调整好的光束用于探测颗粒透射光信息。测量对象所在的环境温度、湿度较高，为了保护测量元器件，在系统设计时通过改变光路走向，尽可能将光学元器件和 CCD 相机远离测量区域。分束的目的是获取两束完全一致的光束，其中，一束光线用于颗粒浓度测量，另一束作为参考光束。

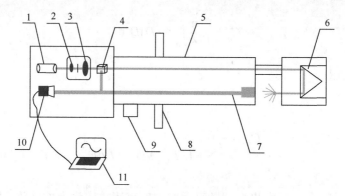

图 2.27　消光法测量系统结构示意图

1-全固态激光器；2-空间滤波器；3-准直透镜；4-分束镜；5-筒体外壳；6-角锥棱镜；

7-光纤传像束；8-墙体法兰；9-反吹空气进口；10-CCD 相机；11-计算机

透射光采集系统由光纤传像束和 CCD 相机组成。其主要功能是透射光图像捕捉和传输。光纤传像束负责透射光信息的传输，CCD 相机负责感光、成像，采用 USB2.0 接口技术进行数据传输。透射光采集系统必须有快速成像的能力，以满足在线实时测量的要求。

数据处理系统由透射光图像在线处理软件组成，且在 Windows 操作系统上运行。其主要功能是设置 CCD 相机参数、控制 CCD 相机快门、图像处理以及粉尘浓度在线计算。

吹风装置是利用气泵将干净的、具有一定压强的空气对光学窗口进行吹扫。清扫的同时保证空气对激光束的稳定性以及透射光图像不变形。此外，吹风对系统具有一定的冷却作用。

透射光的测量对光束质量要求很高，光路系统设计既要保证激光光束的均匀和稳定，又要使激光光束平行。光路系统设计是基于激光消光法测量原理而搭建的，因此除了测量区域，尽量减小光线在空气中的传播，避免在空气传播中发生衰减。同时，光路系统要求光学元器件几何对中，且光线不发生偏移。换句话说，原始光束经滤波、准直、分束、透射以及成像后的几何形状不变形。图 2.28 是测量系统光学原理示意图。全固态激光器 1 发射出一束激光束，滤光片 2 衰减后，通过空间滤波器 3 聚焦、滤波，再由准直透镜 4 形成一束平行光；平行光经过分束镜 5 后分成两束相同的光束，光强比例分别为 50%和 50%；透射光束继续向前进入测量区域 6，颗粒发生光散射和吸收，经透射光收集透镜 7 收集和光纤 8 传播，最后由 CCD 相机 9 收集透射光信息。

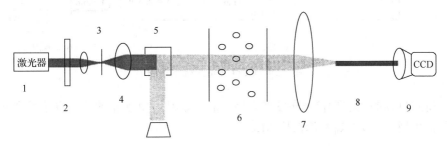

图 2.28　测量系统光学原理示意图

1-全固态激光器；2-滤光片；3-空间滤波器；4-准直透镜；5-分束镜；
6-测量区域；7-透射光收集透镜；8-光纤；9-CCD 相机

3. CCD 方法测量颗粒分布情况

通过 CCD 相机捕捉颗粒，得到燃烧器中的颗粒的数目分布情况，用出现频率和浓度峰值判断浓淡分离效果[66]。测量系统主要由 CCD 相机，固态激光源和图像处理单元组成(图 2.29)。其可以测量生物质颗粒的分布情况。

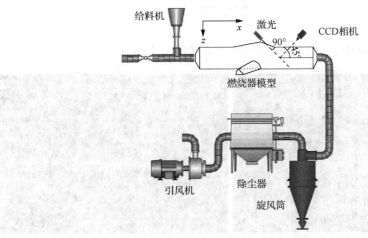

(a) CCD 测量系统

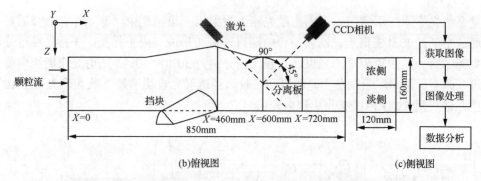

(b)俯视图　　　　　　　　　　　　　　　　(c)侧视图

图 2.29　CCD 测量系统示意图

得到目标截面的颗粒分布图像之后，采用如图 2.30 所示的处理方法得到分布参数：出现频率 AFR_{ij} 和浓淡比 RL。

$$\text{AFR}_{ij} = \frac{\sum\limits_{n=1}^{300} N_{ij}}{\sum\limits_{n=1}^{300}\sum\limits_{i=1}^{10}\sum\limits_{j=1}^{16} N_{ij}} \tag{2-56}$$

$$\text{RL} = \frac{\sum\limits_{n=1}^{300}\sum\limits_{i=1}^{10}\sum\limits_{j=1}^{7} N_{ij}}{\sum\limits_{n=1}^{300}\sum\limits_{i=1}^{10}\sum\limits_{j=8}^{16} N_{ij}} \tag{2-57}$$

式中，N_{ij} 为图 2.30 中第 i 行、第 j 列单元格的颗粒出现个数。

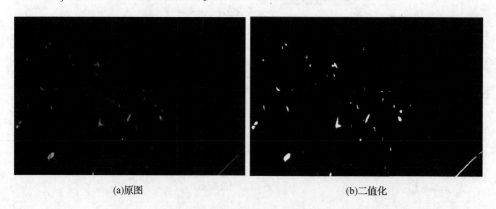

(a)原图　　　　　　　　　　　　　　　　(b)二值化

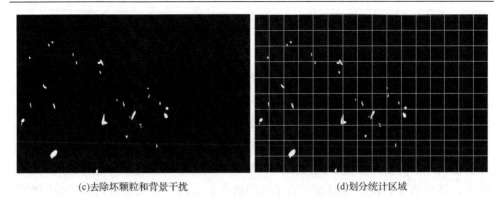

(c)去除坏颗粒和背景干扰　　　　　　　　(d)划分统计区域

图 2.30　图像处理过程

　　最终可得到如图 2.31 所示的颗粒分布云图，从而得出颗粒两相流动浓淡分布特征。

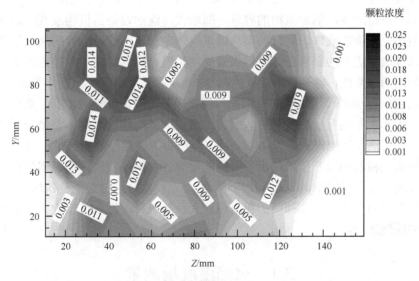

图 2.31　颗粒分布

第3章 火焰特性的在线参数测量

电站锅炉燃烧的基本要求是在炉膛内建立并维持稳定、均匀的燃烧火焰。燃烧火焰是燃烧状态稳定与否最直接的反映。燃烧调整不好或者燃烧不稳定会导致锅炉热效率下降,产生更多的污染物、噪声等,在极端情况下可能引起锅炉炉膛灭火,甚至诱发炉膛爆炸事故。为了预防潜在的危险,必须进行切实有效的燃烧诊断和火焰监测。在电力生产行业中,随着电站煤粉锅炉容量的增大和蒸汽初参数的提高,大型电站煤粉锅炉的安全性、经济性问题更加突出,这对机组的燃烧调整提出了很高的要求。因此,安全、可靠的燃烧诊断技术成为电厂安全运行的重要条件和基本要求,其重要性主要体现在以下几个方面:①新投运的大型电站燃煤锅炉日益增多,锅炉机组的容量不断增大,锅炉设备的机构及其附属变得越来越复杂,可能影响锅炉运行的不利因素也随之增多,这对炉内的火焰检测和诊断技术提出了更高的要求;②电厂煤质变动频繁,炉内燃烧参数整定困难,影响火焰检测的准确性,容易使锅炉灭火、"放炮",甚至引发炉膛爆炸等恶性事故;同时,要求 300MW、600MW 机组参与调峰,为了满足调峰的需要,负荷变化频繁[67],要求锅炉运行能够适应较大幅度的负荷调节,这给燃烧调整带来更多的困难;③为了满足环境保护要求,需要越来越严格的燃煤控制系统[68]。这些问题都对锅炉火焰检测和诊断技术提出了更高的要求。如何才能保证燃煤锅炉煤粉燃烧火焰检测诊断信号的准确无误、反应迅速,是电厂安全运行急需解决的具体问题,也是当前国内外电力工业部门的科研设计人员和电厂运行人员集中力量研究开发的重要课题之一。

3.1 火焰温度场测量

鉴于温度参数对于火焰燃烧过程的重要性,温度测量方法的研究一直是燃烧领域的热点问题。研究者基于物体的某些物理化学性质(如物体的几何尺寸、颜色、电导率、热电势和辐射强度等)与温度的关系,开发了形式众多的温度测量方法并研制出相应的测量装置。图 3.1 为按照测量原理进行分类的火焰温度测量方法,主要包括接触式测温方法和非接触式测温方法。

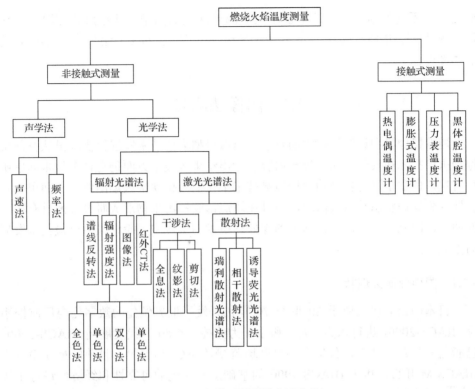

图 3.1　火焰温度测量方法分类

　　接触式测温方法的感温元件直接置于被测温度场或介质中，不受火焰的黑度、热物性参数等因素影响，具有测量精度高、使用方便的优点。但是，对于煤粉火焰这样具有瞬态脉动特性的测量对象，接触测温难以作为真正的温度场测量手段。这主要是由于接触法得到的是某个局部位置的温度信号，如果要得到整个燃烧空间的场信号，必须在燃烧空间内进行合理的布点，并且根据相应的方法(如采用插值法等)获得对燃烧温度场的近似。因此，应用场合仅限于锅炉热态特性实验或在锅炉正常运行时，选择锅炉的关键部位进行监测。接触式测温主要包括热电偶温度计测温法[69, 70]和黑体腔温度计测温法[71-74]等。

　　非接触式测温方法分为两大类：一类是通过测量燃烧介质的热力学性质参数求解温度，如声学法；另一类是利用高温火焰的辐射特性通过光学法来测量温度场。

　　非接触式测温方法由于测温元件不与被测介质接触，不会破坏被测介质的温度场和流场，同时感受传热惯性很小，因此可用于测量不稳定热力过程的温度，其测量上限不受材料性质的影响，可测如火焰等高温。但对于现场火焰温度测量，非接触式测量方法需要开设光学窗口，窗口的透过率经常由于局部污染而造成不均匀地减弱，这增加了火焰温度测量的困难。非接触式测温主要包括声速法[75]、谱线反转法[76, 77]、相干散射法[78-80]、红外 CT 法[81, 82]、辐射强度法和图像法[83, 84]等。

3.2　图像法测温

随着摄像机和计算机技术的发展，摄像机型火检技术发展很快。虽然目前摄像型火检技术在安装方法、处理内容和输出结果等技术方面仍有很多技术问题亟待解决，但由于这种新型的火焰检测技术不仅能直接观察火焰图像，从而可以直观地观察燃烧状态和点火情况，而且在燃烧诊断和污染物形成研究方面具有极大的便利，因此，毫无疑问，基于图像处理技术的摄像型火检将成为火检技术发展的主流。

3.2.1　国内外研究现状

日本的日立研究所于 20 世纪 70 年代开发了世界领先的数字化电厂监控系统 HIACS-2000，进行水力、火力和原子力监控。至 80 年代发展到 HIACS-3000，已涵盖多种监控功能，包括火焰温度场监视及 NO_x 估算等。目前的最新系统为 HIACS-MULTI，其在 HIACS-7000 的基础上对系统的可靠性和经济性进行了优化[85]。日本三菱公司也致力于图像监控系统的开发，他们开发的光学图像火焰扫描系统 OPTIS(optical image flame scanner)采用光学图像传感器对炉膛火焰进行鉴别，能较好地克服炉膛背景热辐射和相邻燃烧器的火焰信号干扰，提高了对火焰形状识别和稳定性判断的能力[86]。此外，名古屋大学的 Tago、Akimo 等提出用四个窄带滤光片进行四色光温度场测量以提高测量精度[87]。法国 Bourgogne 大学 GERE 实验室的 Renier、Meriaudeau 等采用工业 CCD 相机获取辐射体表面图像，通过辐射定律和黑体炉标定方法获得辐射体表面温度及其他相关参数，并在 CCD 相机前加载滤光片以扩大测温区间并提高系统的敏感性。该系统被用于钢铁工业中的激光熔覆及焊接等应用中[88]。英国 Kent 大学的 Huang、Yan、Lu 等采用单 CCD 相机对煤粉火焰温度场进行检测并同步测量煤灰浓度，取得了一定的成果[89]。之后，在假设火焰结构对称的前提下，尝试应用 Radon 变换理论对单 CCD 相机获取的火焰图像进行三维温度场重建，并在实验室内对燃气火焰进行了实验研究[90]。芬兰 IVO 公司的燃烧监测与数字分析系统 DIMAC(digital monitoring and analysis of combustion)采用图像传感器将火焰图像传送到分析器进行数字信号的分析处理。该系统具有降低炉膛出口氧浓度、提高燃烧效率、减小辅助燃油量等功能，并于 1988 年在一台 80MW 的电站锅炉上试运行[91]。

　　国内在基于图像的高温温度场测量领域也取得了长足的进展。上海理工大学的蔡小舒等根据煤燃烧不同阶段的特征谱线及火焰的黑度和辐射强度判断火焰是否存在，并进一步对燃烧状况进行诊断；之后研究了不同种类燃料火焰的辐射光谱信号[92,93]。上海交通大学的徐伟勇等通过设置火焰燃烧特征区域提高诊断的准确性，并利用传像光纤和图像处理技术监控火焰燃烧状况[94,95]。中国科技大学的程晓舫等以普朗克辐射定律和三基色原理为基础，确定高温下辐射体彩色光的 R、G、B 色系数方程组，运用最小二乘法计算物体温度和辐射率，建立彩色三基色温度测量原理[96-98]。哈尔滨工业大学的戴景民等采用多光谱辐射测温理论，研制了一种可自动识别目标真温及光谱发射率的 8 波长高温计，基于发射率假设模型，解决固体火箭发动机羽焰温度测量等问题[99-101]。华中科技大学的周怀春等利用煤粉火焰颜色和信号频率判断风煤配比的恰当程度，进行燃烧工况诊断[102]，提出了基于参考点的燃烧温度场测量方法。他们利用高温热电偶实测炉内一点的燃烧温度作为参考值，同时用加载滤光片的单 CCD 相机获取单波长火焰辐射图像，借助辐射定律和参考点温度计算二维温度场[103]。之后，他们又提出将彩色图像转化为灰度图像，利用各像素点灰度之间的比值等于各像素温度的 4 次方的比值关系，由校正后的参考点温度计算温度场分布[104]。在此基础上，他们尝试用多 CCD 空间网格结构进行三维温度场重建[105]。浙江大学热能工程研究所于 1996 年开始炉内燃烧诊断和火焰辐射图像处理的研究。通过对彩色面阵 CCD 温度测量的理论研究和误差分析，卫成业等提出了 CCD 三色信息测温校正算法并建立了实用模型[106]。在此基础上，对三维截面温度场的重建问题进行了探讨。原理是借鉴医学上的 CT 技术，对一系列的二维断面图像用代数重建技术(algebraic reconstruction technique，ART)进行三维重建[107]。西北工业大学的潘泉等在对辐射体温度与 CCD 图像灰度关系进行理论分析的基础上，用最小二乘法和改进输入后的 BP(back propagation)神经网络算法进行高温体温度计算[108,109]。

3.2.2　图像测温原理

1. 辐射原理

　　不同温度下，物体都会或多或少地发射电磁波，其包括可见光区、红外区、紫外区，这种行为被称为热辐射。物体的辐射能量向四周发出的同时，也在周围的物体上吸收辐射能量。一般情况下定义黑体为这样一种物体，它能够吸收全部入射能量。黑体是辐射体的一种理想的情况，并不存在于自然界中。

　　黑体的辐射特性曲线如图 3.2 所示。纵坐标 $E_b(\lambda, T)$ 表示黑体在温度为 T、波长为 λ 的相邻单位波长间隔中热辐射的强度，并称为黑体的光谱辐射亮度。黑体用下角标 b 表示。

　　普朗克定律可表示为

$$E_b(\lambda, T) = \frac{C_1}{\lambda^5} \exp\left(-\frac{C_2}{\lambda T}\right) \tag{3-1}$$

式中，C_1 和 C_2 为普朗克第一和第二常量，其值分别为 $3.7419 \times 10^{-16} \mathrm{W \cdot m^2}$ 和 $1.4388 \times 10^{-2} \mathrm{m \cdot K}$。

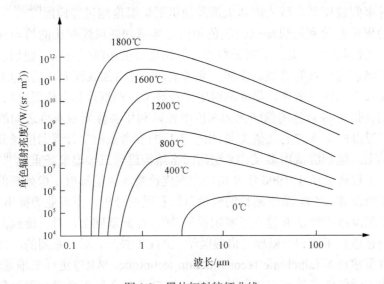

图 3.2　黑体辐射特征曲线

　　自然界中物体的吸收率通常情况下都是小于 1 的，并不是真正的黑体。假定物体为灰体，其辐射率与波长无关，则 $\varepsilon(\lambda, T) = \varepsilon(T)$，其可以表示为

$$I_\lambda(j) = \int_{l_0(j)}^{l_1(j)} k_\lambda(l) I_{b\lambda}(l) \exp\left[-\int_l^{l_1(j)} k_\lambda(l') \mathrm{d}l'\right] \mathrm{d}l \tag{3-2}$$

　　在同样的波段中，当实际燃烧体光谱发射率相当于黑体亮度的光谱发射率时，就将黑体的温度规定为实际燃烧物体的亮度温度值；当实际燃烧物体的亮度全辐射率相当于黑体的亮度全辐射率时，将此黑体的温度规定为实际燃烧体的辐射温度值。

2. 面阵 CCD 传感器

作为新型半导体器件，CCD 是电荷耦合器件的简称。CCD 技术是 20 世纪 70 年代初期开始发展起来的。因为 CCD 的应用范围尤其广泛，所以经过很短时间的发展，CCD 已经应用到了大部分的行业。其中，在对模拟图像进行处理的领域应用最多。CCD 最突出的特点是它发出的电信号是以电荷的形式存在的。CCD 的基本功能是对电荷进行存储。因此，信号电荷的产生、存储、传输和检测就成了 CCD 工作的基本原理。

面阵 CCD 的像元是按二维方式排列的。成像物镜将被摄景物成像在面阵 CCD 的面板上，CCD 在驱动器产生的驱动脉冲的作用下，将光学图像转换成电荷包图像，并以自扫描的方式形成视频信号。视频信号经视频放大器放大后，经 A/D 转换器转换成数字信号，并在同步控制器的作用下将数字信号以一定的排列方式存入存储器，形成数字图像。由彩色面阵 CCD 中获取的图像是基于 *RGB* 模型的真彩色图像。一般情况下，真彩色图像能够真实地反映自然物体本来的颜色。几乎所有的彩色都能由 *R*、*G*、*B* 三种基本颜色混配出来，这三种颜色就称为三基色。根据国际照明委员会(CIE)的标准规定 *R* 波长取 700nm，*G* 波长取 546.1nm，*B* 波长取 435.8nm。图 3.3 为 *RGB* 颜色模型。

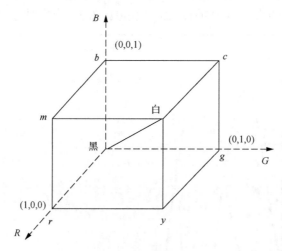

图 3.3　RGB 颜色模型

一幅图像可定义为一个二维函数 $f(x, y)$，当 x、y 和幅值 f 为有限的离散数值时，称该图像为数字图像。M 行 N 列的数字图像即可表示为

$$f(x,y) = \begin{bmatrix} f(0,0) & f(0,1) & \cdots & f(0,N-1) \\ f(1,0) & f(1,1) & \cdots & f(1,N-1) \\ \vdots & \vdots & & \vdots \\ f(M-1,0) & f(M-1,1) & \cdots & f(M-1,N-1) \end{bmatrix} \quad (3\text{-}3)$$

函数中 x 和 y 指的是空间坐标，每个元素都有一个特定的位置，这些元素称为像素。对真彩色数字图像来说，矩阵元素的值则包括该点的红、绿、蓝三色的色度信息。

彩色 CCD 摄像机以设置在 CCD 面阵上三个基色滤波器 $(R$、G、$B)$ 为依据，可获得三个基本色度的信号，分别为 P_R、P_G、P_B。实际上，光学系统应提前确定，也就是在这个前提下，P_R、P_G、P_B 信号分别为

$$\begin{cases} P_R = C_R \displaystyle\int_0^\infty E_T(\lambda) T_r(\lambda) \mathrm{d}\lambda \\[2mm] P_G = C_G \displaystyle\int_0^\infty E_T(\lambda) T_g(\lambda) \mathrm{d}\lambda \\[2mm] P_B = C_B \displaystyle\int_0^\infty E_T(\lambda) T_b(\lambda) \mathrm{d}\lambda \end{cases} \quad (3\text{-}4)$$

式中，$E_T(\lambda)$ 为火焰的辐射能谱；C_R、C_G、C_B 分别为 R、G、B 三个通道的光电转换系数与增益相乘所得的结果；$T_r(\lambda)$、$T_g(\lambda)$、$T_b(\lambda)$ 分别为 R、G、B 三个通道的光谱特性，由滤光片、镜头和 CCD 的特性组合决定。图 3.4 为典型的 CCD 特征曲线。

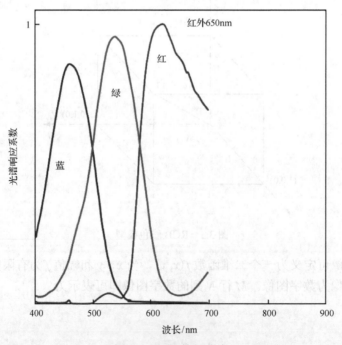

图 3.4　CCD 特征曲线

3. 基于彩色图像的火焰温度测量方法

1) 单色测温法

为了便于进行温度值的计算与处理，免去了对敏感波段的处理，而是分析处理火焰图像上的已经得到具体数值的波长，而这些图像的辐射性质就是由本身的温度决定的，也就是比较常见的单色火焰图像。

假设已经得到的参考温度点的横纵坐标为 (i_0, j_0)，用热电偶温度计测得其温度值为 $T(i_0, j_0)$，在火焰图像上该点的辐射能为 $E(i_0, j_0)$，其波长为 λ。图像上的任一点 (i, j) 的辐射能为 $E(i, j)$，所求的温度值为 $T(i, j)$，利用辐射定律可得

$$\frac{E(i, j)}{E(i_0, j_0)} = \exp\left\{-\frac{C_2}{\lambda}\left[\frac{1}{T(i, j)}\right] - \frac{1}{T(i_0, j_0)}\right\} \tag{3-5}$$

要想得到某一点的具体的温度值，从以上的公式就可以看出，只需要将此点处的对照数值对比于该点的响应数值就能实现此点的温度值的计算。

2) 双色法测温法

燃烧过程的温度与辐射力一般符合普朗克定律，结合彩色图像的特点，假设彩色图像上任一像素点的 R、G、B 数值与该像素点在 CCD 感光靶面对应点受到的红光、绿光及蓝光波长的辐射成正比，则有

$$\begin{cases} R(T) = k_R \varepsilon(\lambda_R, T)\dfrac{C_1}{\lambda_R^5}\exp\left(-\dfrac{C_2}{\lambda_R T}\right) \\[3mm] G(T) = k_G \varepsilon(\lambda_G, T)\dfrac{C_1}{\lambda_G^5}\exp\left(-\dfrac{C_2}{\lambda_G T}\right) \\[3mm] B(T) = k_B \varepsilon(\lambda_B, T)\dfrac{C_1}{\lambda_B^5}\exp\left(-\dfrac{C_2}{\lambda_B T}\right) \end{cases} \tag{3-6}$$

式中，λ_R、λ_G、λ_B 分别为红光、绿光和蓝光的波长，为定值；$R(T)$、$G(T)$ 和 $B(T)$ 分别为彩色图像上某一像素点在温度为 T 的辐射下的 R、G、B 值；k_R、k_G、k_B 分别为整个光路系统中红光、绿光和蓝光的衰减系数，只要光路系统不变，其值也均为定值。

若辐射源为黑体，则有

$$
\begin{cases}
R_b(T) = k_R \dfrac{C_1}{\lambda_R^5} \exp\left(-\dfrac{C_2}{\lambda_R T}\right) \\[2mm]
G_b(T) = k_G \dfrac{C_1}{\lambda_G^5} \exp\left(-\dfrac{C_2}{\lambda_G T}\right) \\[2mm]
B_b(T) = k_B \dfrac{C_1}{\lambda_B^5} \exp\left(-\dfrac{C_2}{\lambda_B T}\right)
\end{cases}
\tag{3-7}
$$

式中，$R_b(T)$、$G_b(T)$ 和 $B_b(T)$ 分别为彩色图像上某一像素点在温度为 T 的黑体辐射下的 R、G、B 值。

结合式 (3-5) 和式 (3-6)，则有

$$
\begin{cases}
R(T) = \varepsilon(\lambda_R, T) R_b(T) \\
G(T) = \varepsilon(\lambda_G, T) G_b(T) \\
B(T) = \varepsilon(\lambda_B, T) B_b(T)
\end{cases}
\tag{3-8}
$$

利用灰体假设：

$$
\varepsilon(\lambda_R, T) = \varepsilon(\lambda_G, T) = \varepsilon(\lambda_B, T) = \varepsilon(T)
\tag{3-9}
$$

代入式 (3-7)，可以得到

$$
\frac{R(T)}{R_b(T)} = \frac{G(T)}{G_b(T)} = \frac{B(T)}{B_b(T)} = \varepsilon(T)
\tag{3-10}
$$

变换后有

$$
\frac{R(T)}{G(T)} = \frac{R_b(T)}{G_b(T)} = S_{rg}
\tag{3-11}
$$

式中，S_{rg} 定义为温度为 T 时，彩色图像上某一像素点的 R 与 G 的比值。由该式可知，当辐射源温度为 T 时，无论其为灰体还是黑体，图像上的 R 与 G 的比值只与温度 T 有关。因此，可以利用黑体辐射来获得温度 T 与 S_{rg} 之间的关系。获得此关系后即可在火焰图像上利用各像素点的 R 与 G 的比值来计算该点的温度值。

可以利用黑体炉标定获得温度 T 与 S_{rg} 的关系，记录不同温度下像素点上 R 与 G 的比值，再利用多项式拟合，即可获得到 T 与 S_{rg} 的关系：

$$T = \sum_{i=0}^{n} a_i S_{rg}^i \qquad (3-12)$$

式中，a_i 为多项式系数；n 为多项式阶次。

需要指出的是，对于上述方法，利用 R 与 B 的比值，或者 G 与 B 的比值来计算温度在理论上都是可行的，但是对于煤粉燃烧火焰，最适合灰体假设的辐射波长范围是 500~1000nm[110]，在该范围内，可认为在同一温度下发射率不变。在红光(700nm)、绿光(546.1nm)和蓝光(435.8nm)辐射中，红光和绿光较适合应用于双色法，而蓝光则不是非常适合。

另外，有研究者在双色法的基础上发展了三色法进行测温。

3.2.3　炉内图像温度场测量

Lu 等[111]开发了一种适用于燃烧器的燃煤火焰二维温度分布测量。火焰测枪的整体图及结构图如图 3.5 所示。火焰测枪主要由保护套管、光学镜头、分光镜、CCD 相机、微型计算机组成。在光学镜头的外围设置了保护套管以保证火焰测枪能在高温环境下使用，火焰图像传输给微型计算机主板，由微型计算机上安装的软件进行进一步的处理。火焰及其温度分布如图 3.6 所示。

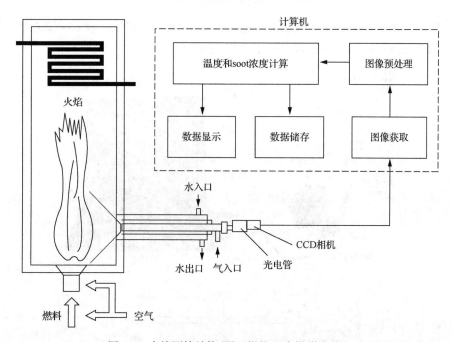

图 3.5　火焰测枪结构(用于燃烧器中燃煤火焰)

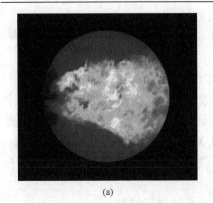 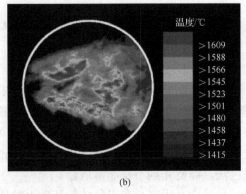

温度/℃

>1609
>1588
>1566
>1545
>1523
>1501
>1480
>1458
>1437
>1415

(a)　　　　　　　　　　　　　　　　(b)

图 3.6　燃煤燃烧器中二维火焰温度分布

Lou 等[112]开发了一种适用于炉内温度测量的火焰探测器，提出了一种基于辐射逆问题求解的温度场与介质辐射参数同时重建的方法。图 3.7 为火焰测枪结构，主要包括保护套管、透镜、相机、视频采集卡、计算机。利用比色法将火焰温度转换为温度图像。根据辐射成像模型[113]，建立火焰二维温度图像 T_{CCD}（其分量为火焰温度图像的四次方）和炉膛内断面温度分布 T（其分量为炉内火焰温度的四次方）之间的定量关系：

$$T_{\text{CCD}} = A'T \tag{3-13}$$

矩阵 A' 的元素 $\alpha'(i,j)$ 由第 j 个网格单元发出的辐射被第 i 个 CCD 像素单元接收到的份额所决定，主要通过 READ 数计算而来。

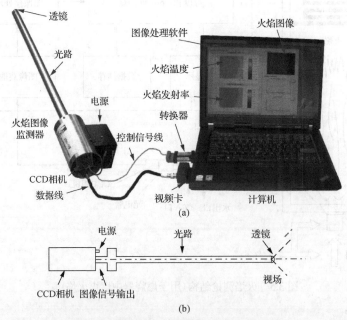

(a)

(b)

图 3.7　火焰测枪结构（用于炉膛内燃煤火焰）

根据 CCD 接收到的边界辐射强度分布和辐射温度分布，提出用正则化方法从辐射温度图像中重建介质温度场，用最小二乘法从辐射强度图像中更新介质吸收系数和散射系数，两者交替进行，直到收敛。

图 3.8 为炉膛四角上 4 个火焰测枪的布置方案。根据黑体炉标定及相关图像处理方法得到边界辐射温度图像和辐射强度图像，同时重建出炉膛中一个横截面的温度分布以及这个截面中燃烧介质的吸收系数和散射系数。图 3.9 为采集的火焰图像及重建的炉膛内二维温度分布。

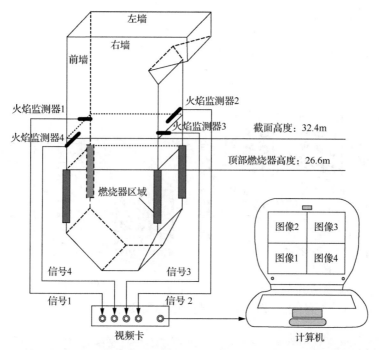

图 3.8　炉膛内火焰测枪分布

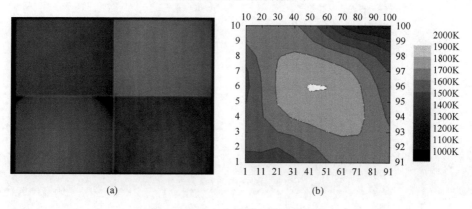

图 3.9　炉膛内火焰及二维温度分布

　　大型电站锅炉炉膛内的煤粉燃烧过程是发生在较大空间范围内的、不断脉动的、具有明显三维特征的物理和化学过程，火焰温度分布是燃料在经过高温化学反应、流动以及传热传质等过程后的综合体现，实现炉膛内三维温度场的可视化对于揭示燃烧现象的本质和燃烧过程的规律以及燃烧理论的发展都有着重大的意义。娄春等基于辐射成像模型[113]，建立了火焰二维温度图像和炉膛内三维温度分布图[114]。相比于炉膛二维温度测量，需要在炉膛布置 2 组以上的火焰测枪。图 3.10 为炉膛上布置 3 组火焰测枪的分布图。图 3.11 为重建的炉膛内部三维温度场。

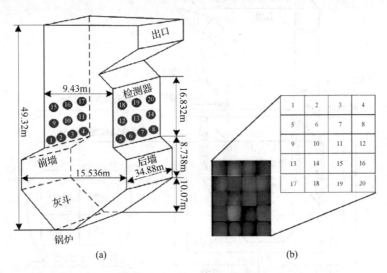

图 3.10　炉膛内火焰测枪分布

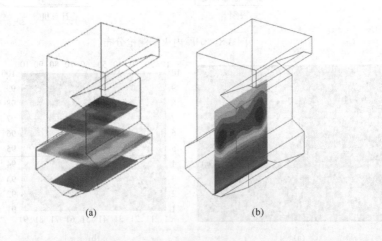

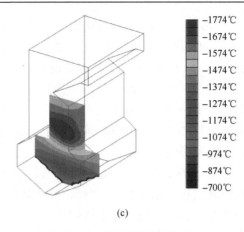

-1774℃
-1674℃
-1574℃
-1474℃
-1374℃
-1274℃
-1174℃
-1074℃
-974℃
-874℃
-700℃

(c)

图 3.11　炉膛内三维温度分布

3.3　声学法测温

声学法测温的基本原理是依据声波传播速度与介质温度之间存在单值的函数关系。早在 1687 年 Newton 就推导出了声学法测温的原理公式，1817 年由 Laplace 进行了修正和完善，并由声学家 Mayer 于 130 年前进行了实验验证。然而，声学法测温技术的研究和应用却是在近 50 年来才逐步展开的。直到 20 世纪 70 年代初期，声学法测温才作为一门新兴的科学技术正式被提出。

在 1955 年，Herick 等提出了用测量声速的方法来测定气体温度的建议[115]。随后的几十年里，各国的科学工作者和工程技术人员对声学法测温的技术、装置以及应用开展了广泛的研究。早期的研究主要集中在对声学温度计的开发上，包括气温计、低温声学温度计、共振式石英温度计、超声温度计等。

而进入 20 世纪 80 年代中期以后，随着电子技术和计算机技术的发展，各国学者及工程技术人员开始对温度场的声学测量方法的研究，开展了一系列的研究与实验工作，并取得了一定的进展。

3.3.1　国内外研究现状

1983 年，英国中央电力产业局（Central Electricity Generation Board，CEGB）的 Green 首次提出采用声学测温技术测量锅炉炉膛的温度分布[116]，这引起了全世界的关注。1988 年，矿业能源研究公司（Fossil Energy Research Corp）与英国中央电力产业局在美国电力研究院（Electric Power Research Institute，EPRI）的资助下，在堪萨斯城市电力电灯公司旗下的某能源中心机组炉膛周围布置声学测点，并进行了为期两周的实验，证明了声学方法测量炉内烟气温度的可行性。实验结果表明与传统的高温烟气测量相比，声学法测温有明显的优点，该技术有望用于锅炉运行状态的诊断[117]。1996 年，Kleppe 首次提出了将数字信号处理引入声学法测温中，这对声学测温精度的提高具有重要意义[118]。2011 年，莱比锡大学的 Barth 等在 1.3m×1.0m×1.2m 的测量区域进行了三维温度场重建实验，该实验在被测空间前后两个平面上皆安置 8 支声波收发器，共 16 支声波收发器，测量空间各条路径上声波飞行时间，采用同步迭代算法重建三维温度场，实现了对空间的温度场和速度场分布的同时检测[119]。2013 年，Barth 等验证了在大尺度的大气空间中，声学法测温仍可保持较高的准确性[120]。

2003 年，华北电力大学的安连锁教授建立了电站设备声学检测研究所，该团队概括了声学测温的研究现状，总结了声学测温发展的关键技术，并提出了需要深入研究的重点问题[121]，在接下来的几年中该团队提出了基于单路径温度抛物线分布重建算法、基于级数展开法的声学 CT 重建算法等一系列重建算法[122-124]，研究了温度梯度场中声线传播规律并建立了数学模型[125]，总结了声波飞渡时间的测量方法[126]，取得了较好的仿真实验和现场冷态实验结果，为声学测温技术进一步的工程应用提供理论基础。2007 年，该团队自行研制了一套多路径声学测温装置，并且在国内某电厂的 300MW 组锅炉上进行了现场冷态和热态实验[127]；2010 年，针对电站锅炉水冷壁灰污监测问题，该团队采用单路径声学测温技术进行了初步的研究[128]；2010 年，该团队将自行研制的多路径声学测温系统在国内某电站的 200MW 机组锅炉上进行了安装调试，并进行了初步的冷态和热态实验，得到了许多有价值的结论，尤其是获得了许多宝贵的经验[129]。2012～2013 年该研究团队开发了一套电站锅炉水冷壁局部灰污在线监测系统，并将该系统应用在 300MW 锅炉上，取得了一系列成果[130-132]。实验结果显示：声学测温技术可准确地检测电站锅炉炉膛壁温；炉内燃烧会使炉膛空间产生温度梯度场，声波在其中传播将会产生弯曲效应，水冷壁附近的声线会向炉内高温区域弯曲。

2008 年，沈阳工业大学的颜华教授提出了一种基于修正 Landweber 迭代技术的二维温度场重建算法[133]。仿真结果表明，在声波发射/接收器数目较少的情况下，该算法能依据较少的投影数据进行重建。为了提高声学测温重建精度，必须获得更多路径的声波飞渡时间，为此该团队设计了基于虚拟仪器的 16 通道声波飞行时间测量系统[134]。2010 年，颜华等又提出了一种基于径向基函数和奇异值分解的声学 CT 温度场重建新算法[135]，并且采用新算法重建了单峰和双峰温度场模型。重建结果表明，与常见的温度场重建算法相比，新算法的重建精度有所提高。2012 年，研究小组提出了一种基于 Markov 径向基函数和 Tikhonov 正则化的二维温度场重建算法[136, 137]，新算法在重建区域划分的网格数目可多于有效声波路径数目，这使得原始温度信息更加丰富，提高了对复杂温度场的重建能力和热点定位能力。但是，他们的研究主要针对空间尺度较小的粮仓，温度范围仅在常温范围。

总之，对用声学测温法确定炉内温度场的研究已很充分，开发出的产品被广泛应用。同时，研究人员提出了用声学测温法测量大型管道中的气体和烟囱中的废气流量，经研究开发，该方法也在商业上获得了很大的成功。但是，声学测温方法在实际应用中还存在一些问题：①燃烧噪声和吹灰器噪声是较大的干扰，在大型燃煤火力发电厂的锅炉燃烧中尤为突出。高分贝的燃烧噪声和吹灰噪声在一定程度上影响了声学烟温测量系统应用的可靠性。②由于炉内温度场分布不均和测量路径上的温度梯度的存在，声波不再沿直线传播，要发生一定程度上的折射。这必将给测量结果带来误差，有实验证明误差并不像原先所预计的那样小。③三维温度场的构建技术尚未成熟。

3.3.2　温度场声学测量原理

1. 声学测温方程

气体介质温度场的声学测量主要依据的是声波在气体介质中的传播速度与气体介质温度之间存在的单值函数关系[138]，现推导如下。

根据波动学理论，当平面波沿 x 轴方向传播时，设介质体密度为 ρ，则这段介质单位横截面积的质量为 ρdx。设介质中正应力为 f，则这段介质的左面将受到左方介质施加的正应力 f，右面将受到右方介质施加的正应力 $f + \dfrac{\partial f}{\partial x} dx$，如图 3.12 所示。如果这段介质的振动位移为 ς，振速为 υ，则这段介质的动力学方程为[139]

$$\rho dx \frac{\partial^2 \varsigma}{\partial t^2} = \rho dx \frac{\partial \upsilon}{\partial t} = -\left(f + \frac{\partial f}{\partial x} dx \right) + f = -\frac{\partial f}{\partial x} dx \qquad (3\text{-}14)$$

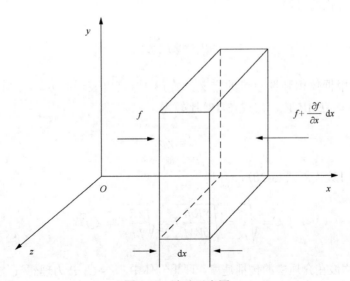

图 3.12　波动示意图

由声学原理可知，当介质可视为无限大、各向同性、均匀、无衰减的流体时，声波只以纵波的形式存在，在这种情况下，声应力即为声压 p。在声作用下，长度为 dx 的媒体体积 V 产生的变化为 ΔV。由于截面面积不变，故体积的相对变化 $\Delta V/V$ 实际上相当于厚度的相对变化为 $d\varsigma/dx$。设介质的体积弹性模量为 E，则

$$p = -E\frac{\mathrm{d}\varsigma}{\mathrm{d}x} \tag{3-15}$$

由于 $p=f$，则

$$\rho\frac{\partial^2\varsigma}{\partial t^2} = -\frac{\partial p}{\partial x} = E\frac{\partial^2\varsigma}{\partial x^2} \tag{3-16}$$

由波动理论可知，沿轴传播的声波的波动方程为

$$\frac{\partial^2\varsigma}{\partial t^2} = u^2\frac{\partial^2\varsigma}{\partial x^2} \tag{3-17}$$

比较式(3-16)和式(3-17)得

$$u = \sqrt{E/\rho} \tag{3-18}$$

对于理想气体，声波在其中的传播可看成快速绝热过程，pV^{γ}=恒量，对公式两边取微分并化简可得

$$\mathrm{d}p = -\gamma p\frac{\mathrm{d}V}{V} \tag{3-19}$$

另外，根据体积弹性模量的定义，式(3-15)可以表示成 $p = -E\Delta V/V$，其微分形式为 $\mathrm{d}p = -E\mathrm{d}V/V$，与式(3-18)比较得

$$E = \gamma p \tag{3-20}$$

将式(3-18)代入式(3-20)，得到

$$C = \sqrt{\frac{E}{\rho}} = \sqrt{\frac{\gamma Rm}{\rho VM}T} = \sqrt{\frac{\gamma R}{M}T} = Z\sqrt{T} \tag{3-21}$$

式中，C 为声波在介质中的传播速度，理想气体中，$u = C$；R 为理想气体普适常数；

γ 为气体的绝热指数；T 为气体温度；M 为气体摩尔质量。

2. 声学测温原理

利用声波测量气体介质的温度分为单路径测温和多路径测温，其基本原理都是依据式(3-21)所示的声波传播速度与介质温度之间的单值函数关系。前者实际上是单点测量，适合于温度分布均匀的场合；后者属于多点测量，能够实现温度场的测量。

1) 单路径测温原理

由式(3-21)可知，对于给定的气体，$Z = \sqrt{\gamma R / M}$ 为一常数，声波在其中的传播速度只是气体温度的单值函数。当在待测区域的两端分别安装一个声波发射器和一个接收器时，发射器发出一个声波脉冲被接收器检测到，测量出声波在两者间的飞渡时间 τ，再根据两者之间的距离 D，就可以确定声波在传播路径上的平均速度 C，代入式(3-21)即可求出声波传播路径上气体的平均温度。如果该区域的温度均匀，则所测得的温度即该区域的温度[140]，如图 3.13 所示。

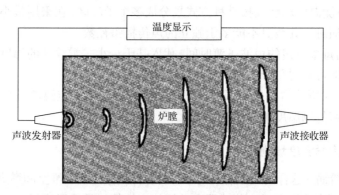

图 3.13　单路径声学测温示意图

2) 温度场测量原理

如果待测区域的温度不均匀，为测量出该区域的温度分布，可以根据待测区域的几何形状，在其周围布置多个声波发射、接收传感器，这样就产生了多条声波传播路径。在一个测量周期内，顺序启闭各发射、接收传感器 ($S_1 \sim S_6$) 测量出声波沿每条不重复路径的飞渡时间，将测得的这些声波飞渡时间值代入温度场反演重建程序，即可以得出待测温度场的温度分布情况。图 3.14(a) 和 (b) 分别为针对长方形边界与圆形边界的二维温度场，声波发射传感器及接收传感器的一种布置方式[141]。

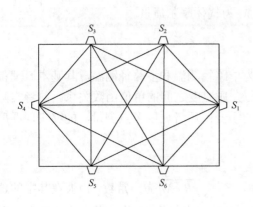 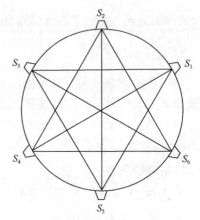

(a) 长方形边界温度场13条独立声波路径　　　　　　(b) 圆形边界温度场9条独立声波路径

图 3.14　声波传感器分布和测量路径示意图

利用声学法对温度场进行(反演)测量的具体步骤如下。

(1)根据温度场的具体情况，选择声波发射、接收传感器的布置方式和数量。

(2)将待测温度场区域按某种方式划分成多个子温区,在采用最小二乘算法进行温度场反演时，其数目不能多于独立的声传播路径数。

(3)测出每条声线的声波飞渡时间，代入基于最小二乘算法的温度场声学测量反演程序，即可获得每个子温区的平均温度。

(4)将上述所获得的每个子温的平均温度作为其中心点温度，再利用插值算法，即可获得待测温度场的温度分布。

3.3.3　炉内声学温度场测量

对于煤粉锅炉这样的大型燃烧对象，要想得到截面或三维空间燃烧温度场，必须在一个层面内装设多对声传感器，并用特定的算法重建温度场。

声学测温系统可用于温度高达 2000℃的炉膛，炉膛的尺寸即测温路径的范围是 1~35m。多路径的测温系统可能会产生一个平面上的温度分布图，温度分布图在监测器上以等温轮廓线或区域平均温度图表显示出来。对一个温度分辨率要求不高的小区域，单路径或两个相互独立的路径上的测温单元就足够了，对高要求的温度分布分辨率，则要在锅炉的横截圆周上布置大量的声波收发器，以期得到大量的温度路径，如图 3.15 所示。由于一次只能操作一对收发器，所以每个测温路径都要排序，在一个测量循环中，收发器既充当发射器，又充当接收器。

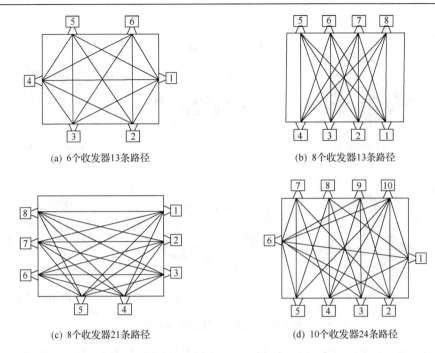

(a) 6个收发器13条路径　　　　　　　　(b) 8个收发器13条路径

(c) 8个收发器21条路径　　　　　　　　(d) 10个收发器24条路径

图 3.15　几种收发器分布和测量路径示意图

　　二维温度曲线图可以用 6～8 个声波收发器来重建,收发器甚至可以安装在具有相同温度的不同热点处。在炉墙附近的区域,常常发生很大的偏差,因为炉墙附近的温度梯度很大,要想得到更好的分辨率,就必须安装 12～16 个,甚至更多的声波收发器。

　　对于单峰模型温度场,选用三角函数。对于双峰模型温度场,选用双高斯函数。四角切圆燃烧方式具有强烈扰动、燃烧稳定、火焰充满程度较好等特点,在电站锅炉中得到广泛应用[132]。图 3.16 为重建的二维温度场分布。

　　炉膛温度场分布实际是三维分布,然而国内外关于三维温度场的声学重建的研究并不多。利用声学法进行三维温度场的重建,进一步得到沿炉膛高度方向的温度分布,对于调整燃烧器摆角、分配炉膛辐射换热量、降低炉膛出口烟温都有重要意义。由少量声学测量数据进行三维温度场重建是严重不适定问题,即测量数据中的微小误差都可能对求解结果产生巨大的影响,因此对于大型病态温度重建矩阵方程的求解是整个重建问题的关键。Tikhonov 正则化和截断奇异值分解法(truncated singular value decomposition,TSVD)是两类重要的正则化方法,广义极小残差法(generalized minimum residual method,GMRES)在求解大型稀疏矩阵方程问题上效果也非常好,采用这些方法对三维温度场重建进行研究[142, 143]。

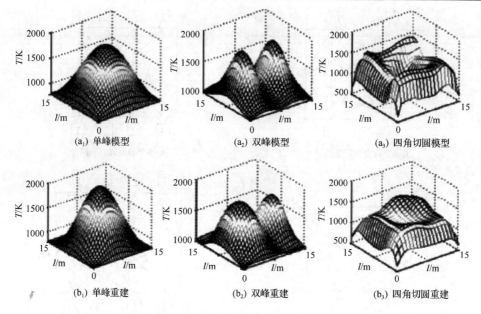

图 3.16　重建的二维温度场分布

对于锅炉炉膛，在待测空间区域顶点和每条棱中点布置 20 个声学传感器，将待测空间区域均匀地分割成 $3 \times 3 \times 4 = 36$ 个空间网格。由于 z 方向上 4 个声学传感器和网格节点有重合现象，将这 4 个声学传感器的位置稍作偏移，如图 3.17 所示。考虑到同侧墙壁上的传感器之间不会产生明显有效的信号，这样，除去其自身和同侧墙壁上的声学传感器，每个顶点传感器形成 4 条声波路径，每个棱传感器形成 7 条声波路径，共可形成 $(8 \times 4 + 12 \times 7)/2 = 58$ 条独立有效的声波路径。

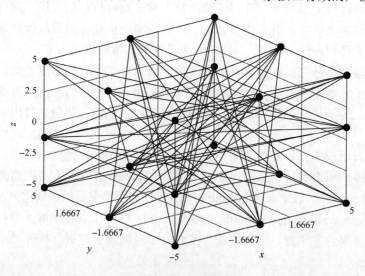

图 3.17　声学传感器布置

图 3.18 为重建温度场的切片图。其中，图 3.18(a)～(c)分别表示单峰、双峰、四峰模型温度场，图 3.18(d)～(f)分别表示单峰、双峰、四峰重建温度场。

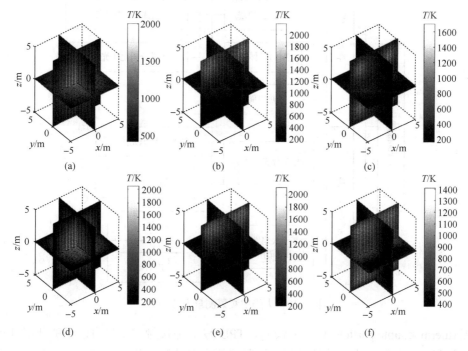

图 3.18　重建温度场的切片图

3.4　火焰中炭黑浓度的测量

燃料不完全燃烧所产生的炭黑是一种仅次于二氧化碳的温室物质[144]，是碳氢燃料燃烧过程中产生的主要污染物之一。火焰中炭黑的检测研究对于充分理解炭黑生成机理、控制炭黑排放有着重要的作用。

3.4.1　检测测量方法的分类

如图 3.19 所示，火焰中炭黑的检测分为接触式测量和非接触式测量两类方法。

接触式测量方法是利用各种采样技术从火焰中采集炭黑样品，然后再用扫描电子显微镜(scanning electron microscopy，SEM)、透射电子显微镜(transmission electron microscopy，TEM)、化学分析电子光谱仪(electron spectroscopy for chemical analysis，ESCA)对炭黑的结构、粒径和成分进行分析。可以同时测量火焰中炭黑浓度和温度的接触式测量方法是基于热泳沉积机理的热电偶颗粒密

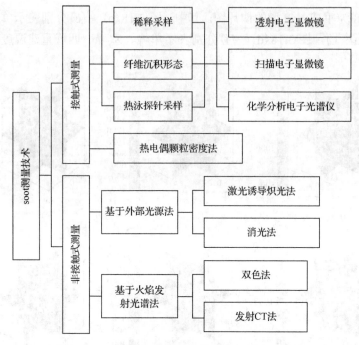

图 3.19　火焰中炭黑测量方法分类

度(thermocouple particle densitometry，TPD)法。但接触式测量方法不能获得具有时间和空间分辨能力的检测结果，而且采样会对被测对象产生干扰，因此，燃烧火焰中炭黑的测量普遍采用光学方法。

炭黑的光学测量又分为两类：一类是基于激光或其他外加光源的检测方法，其中比较成熟的方法包括消光法(light extinction，LE)、激光诱导炽光法(laser-induced incandescence，LII)等，并且基于激光光谱的检测技术已成为世界上燃烧研究的主流诊断方法。但检测系统需要激光或其他外加光源、光学镜片组等各种附加设备，相对比较复杂。另一类是基于火焰发射光谱(emission spectrum)法，该方法利用火焰发射光谱检测碳氢火焰温度和炭黑浓度，并以其明显的简单性和高效性受到越来越多的关注。典型的发射光谱法包括双色法和发射 CT 法。

3.4.2　热泳探针采样及电子显微镜分析法

热泳探针采样(thermophoretic sampling particles diagnostics，TSPD)法是通过热泳力采集火焰中炭黑颗粒和团聚体，然后用扫描电子显微镜或透射电子显微镜对样品的尺寸和结构加以观察分析[145, 146]。热泳探针采样法的原理是：由于火焰中存在温度梯度，小颗粒会从高温区域向低温区域移动，这种在温度梯度下的颗粒输运称为热泳，意思是"因热的原因而运动"。当在火焰中插入冷探针时，在充满颗粒的热气体流场内，冷探针表面存在温度梯度，使炭黑颗粒沉积在探针表面。为了有效地捕获炭黑样品，探针接触火焰时间不能太短，又不能太长。这种化学冻结反应抑制了炭黑颗粒沉积在冷表面之后形态的变化。

图 3.20 为典型的热泳探针采样系统[147]，该系统通过一个双向运动的探针以几十毫秒的时间进入火焰并离开，探针顶部装有透射电镜铜网，用于承载、观察样品。探针在进入火焰后，炭黑颗粒会由于热泳力沉积在铜网上，并保持形貌不变，采样结束后，将铜网送入透射电子显微镜观察颗粒形貌。由于热泳采样属于接触式测量方法，探针的高速进出仍然会影响火焰的燃烧，为减小影响，探针要制作得轻薄。

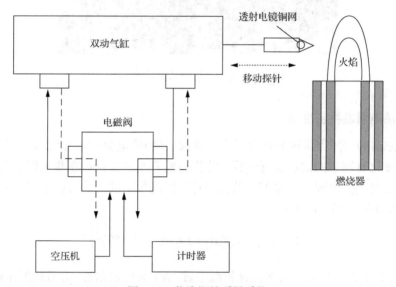

图 3.20　热泳探针采样系统

由于炭黑颗粒的尺寸非常小，必须用透射电子显微镜或扫描电子显微镜才能观察其形貌。图 3.21 给出了场发射扫描电子显微镜下观察到的乙烯扩散火焰中采样得到的炭黑颗粒形貌。从图 3.21 中可以看出，炭黑颗粒的尺寸仅几十纳米，大多为圆球状。用化学分析电子光谱仪可以得知，炭黑颗粒主要由碳元素组成，还有少量的氢和氧。

对于炭黑颗粒的结构形貌与荷电特性，必须用采样技术结合离线分析的方法。其中，热泳探针采样与透射电子显微镜联用(TSPD-TEM)是应用最为广泛的方法。炭黑一次颗粒尺寸约为 20nm，此后由于生长与氧化的影响使得团聚加强，逐渐形成二次颗粒。用 TSPD-TEM 可以观察到炭黑的一次颗粒包括无序结构和有序结构两类，前者又分为类液态和无定型态，后者分为洋葱结构和纳米管结构。

图 3.21　炭黑的扫描电子显微镜图

3.4.3　热电偶颗粒密度法

McEnally 等[148]通过分析炭黑在采样探头(如热电偶)上的沉积而引起的测量数据的变化对炭黑的浓度进行计算,分析研究表明炭黑颗粒在热电偶节点表面的沉积主要是热泳机理,而布朗扩散机理对炭黑沉积率的影响可以忽略,炭黑的热泳沉积率方程如式(3-22)所示:

$$j_T = (D_T Nu_j f_v \rho_p / 2d_j)[1 - (T_j / T_g)^2] \tag{3-22}$$

式中,j_T 为质量沉积率;D_T 为热泳扩散系数;Nu_j 为努塞尔数;f_v 为炭黑体积浓度;ρ_p 为炭黑颗粒密度;d_j 为热电偶节点直径;T_j 为热电偶节点温度;T_g 为节点附近火焰温度。

同时,热电偶节点的暂态能量平衡方程主要考虑节点向火焰的辐射以及节点和火焰的对流换热,如式(3-23)所示。

$$\varepsilon_j \sigma T_j^4 = (k_{g0} Nu_j / 2d_j)(T_g^2 - T_j^2) \tag{3-23}$$

式中,ε_j 为节点发射率;σ 为 Stefan-Boltzmann 常数;k_{g0} 为空气导热系数与火焰温度的比值。

TPD 法的实施过程是:将细丝热电偶快速插入火焰中,由于炭黑颗粒在热电偶表面的沉积,电偶节点温度会经过暂态响应阶段、变发射率阶段、变直径阶段三个阶段,如图 3.22 所示,记录下这三个阶段时间内节点温度的响应值,可以计算出火焰中热电偶所测位置的温度和炭黑浓度。

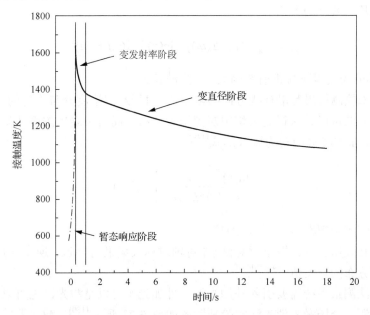

图 3.22 乙烯层流扩散火焰中热电偶节点温度随时间变化

TPD 法的优势在于用热电偶就可以直接获得火焰局部区域的温度和炭黑浓度，不需要复杂的仪器和重建算法，也不需要知道炭黑的折射率函数，可以作为非接触式测量方法的比较基准。但该方法的缺点是：对于非稳态火焰不能获得具有时间和空间分辨能力的检测结果，而且采样会对被测对象产生干扰。

TPD 法主要用于实验室层流扩散火焰中温度和炭黑浓度的测量。与其他接触式采样方法不同，它虽然也需要把探针直接插入火焰中，但它不是通过将颗粒取出后再分析，而是利用颗粒在探针上的沉积对探针本身温度的影响获取信息。因此，系统更为简单，易于实现，而且可以同时测量火焰温度与炭黑浓度。作为一种接触式测量方法，该方法的应用前景有限。

3.4.4 消光法

消光法是一种基于路径积分或视线的技术，其原理是：当一束光通过火焰时，火焰中炭黑颗粒的存在会导致入射光衰减，其衰减的程度可以用 Beer-Lambert 定律描述：

$$\tau = I / I_0 = \exp(-K_\lambda L) \tag{3-24}$$

式中，τ 为透射率；I 为透射光强度；I_0 为入射光强度；L 为光通过火焰的距离；K_λ 为吸收系数。

在炭黑颗粒直径比入射波长小的瑞利限范围内（$\pi d / \lambda < 0.3$），可得到炭黑颗粒消光系数与浓度的关系：

$$f_v = K_\lambda \lambda / [6\pi E(m)] = \ln(\tau)\lambda / [6\pi L E(m)] \tag{3-25}$$

式中，$E(m)$ 为炭黑颗粒折射率函数；λ 为波长。

该技术检测结果是沿视线方向的累积值，对于炭黑浓度分布均匀的火焰对象，用全场消光法可以直接得到火焰中炭黑浓度分布。而对于炭黑浓度非均匀分布的火焰对象，式 (3-25) 改写为微分形式[149]。

$$\frac{\mathrm{d}\ln(\tau)}{\mathrm{d}r}\left[\frac{\lambda}{6\pi L E(m)}\right] = f_v(r) \tag{3-26}$$

式中，r 为沿燃烧器中心的径向距离。

这时必须结合反问题求解算法（如对轴对称火焰采用 Abel 逆变换）才能得到炭黑浓度分布的真实值[149, 150]。

消光法测量系统需要引入外加光源，外加光源可以是激光，也可以是弧光灯等其他光源。全场激光消光法实验装置图如图 3.23 所示[150]，激光器发出的激光通过扩束、聚光、准直后形成平行光穿过火焰，再通过汇聚、滤光、衰减后被 CCD 相机接收，其强度信号为 I'。关闭火焰后，CCD 相机接收的激光强度信号为 I_0'。需要注意的是，在测量过程中还要考虑到火焰自身发射以及背景光对测量的影响。因此，在测量前需要先关闭激光，用 CCD 相机接收火焰辐射 I_f，再关闭火焰，检测背景光辐射 I_b。最终，透射率的计算式为

$$\tau = I / I_0 = (I' - I_f) / (I_0' - I_b) \tag{3-27}$$

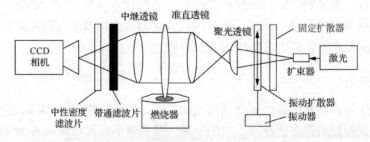

图 3.23　全场激光消光法实验装置图[158]

从 20 世纪 70 年代起，消光法就被用于测量火焰中的炭黑浓度。对于炭黑浓度分布均匀的火焰对象（如 McKenna 燃烧器产生的平面火焰），可以直接得到真实的炭黑浓度。对于炭黑浓度非均匀分布但具有明显规律的火焰对象（如 Santoro 燃

烧器或 Gülder 燃烧器产生的轴对称层流扩散/预混火焰），可以通过反演算法（如 Abel 逆变换）得到炭黑浓度分布的真实值。对于炭黑浓度非均匀分布没有明显规律的火焰对象（如非对称湍流火焰），消光法测量结果是沿视线方向的累积值。总体来说，消光法主要用于研究实验室轴对称层流火焰，如果面向非对称湍流火焰则光路布置及反演方法都需要改进。在 LII 技术出现后，消光法又作为标定炭黑浓度绝对值的重要手段。

3.4.5　激光诱导炽光法

激光诱导炽光法是应用较为普遍的炭黑浓度测量方法，该方法对炭黑颗粒被强激光照射后的增强热辐射进行分析，获得炭黑浓度的二维平面分布。其基本原理是[151, 152]：用一束脉冲高能平面激光射入含炭黑颗粒的火焰，炭黑颗粒会被入射的高能激光瞬间加热至 4000K 左右，并诱发出白炽光，该白炽光信号与炭黑颗粒的浓度成正比关系，如式(3-28)所示，炭黑颗粒在大约数百纳秒后逐渐冷却至火焰温度，白炽光信号消失。在这个过程中，用 ICCD(intensified CCD)接收带通滤光片过滤后(滤掉火焰自身的发射光谱)的白炽光信号，并通过与已知炭黑浓度的标准火焰校正后，可将白炽光信号转化为绝对炭黑浓度，最终可得到火焰内炭黑浓度的二维分布。LII 测量小型碳氢火焰的典型实验系统布置如图 3.24 所示[153]。

$$S_{\mathrm{LII}} \propto \frac{8\pi c^2 hE(m)}{\lambda^6} d_p^3 \exp\left(-\frac{hc}{\lambda kT}\right) \tag{3-28}$$

式中，c 为光速；h 为普朗克常量；d_p 为炭黑颗粒直径；k 为玻尔兹曼常量。

为了避开 LII 信号的标定问题，Snelling 等[154]提出了双色 LII 法，用两个 ICCD 相机得到两个波长下的单色 LII 信号强度，通过双色法计算出被激光加热的炭黑粒子温度可以得到绝对的炭黑浓度，如式(3-29)所示

$$T_p = \frac{hc}{k}\left(\frac{1}{\lambda_2} - \frac{1}{\lambda_1}\right)\left[\ln\frac{V_{\exp_1}\lambda_1^6}{\eta_1 E(m_{\lambda_1})} - \ln\frac{V_{\exp_2}\lambda_2^6}{\eta_2 E(m_{\lambda_2})}\right] \tag{3-29}$$

式中，$V_{\exp_1}$ 和 $V_{\exp_2}$ 为两个增益下的 LII 信号强度；η 为系统校准因子。

LII 法除了可以测量炭黑的浓度，还能根据 LII 信号的衰减时间测量炭黑粒子的尺寸分布。但是，LII 信号模型涉及激光加热、导热、炭黑粒子升华、辐射散热等过程，相对比较复杂，不同的模型会得出不同的炭黑颗粒尺寸分布[155]，还需要做进一步的研究。此外，激光器的波长和功率对炭黑的加热具有影响，应用该方法时必须选择适当的波长和功率[155,156]。

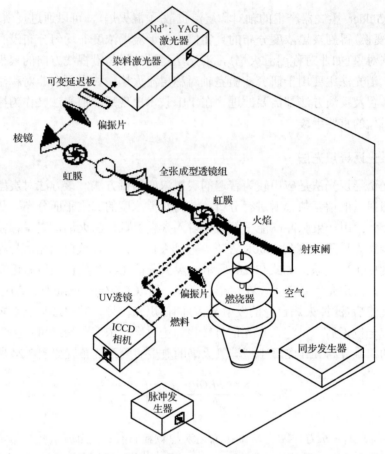

图 3.24　激光诱导炽光法的典型实验系统图[154]

　　LII 法用于火焰中的炭黑的检测研究主要分为两方面：一方面，对于 LII 技术自身的研究，主要针对标定方法、LII 信号模型、波长选取、激光能量、颗粒复折射率参数取值等。另一方面，LII 技术可以通过调节激光波长、检测波长、快门时间以及数据采集的触发延时等参数使得检测信号避开其他物质发出的干扰光信号，如荧光、散射光信号等，从而使炭黑颗粒检测更为准确。

3.4.6　双色法

　　双色法是最常用的发射光谱技术[157]，在两个不同波长下检测火焰的单色辐射信息，可以计算出火焰温度，如式 (3-30) 所示。

$$\left[1 - \frac{e^{(C_2/\lambda_1 T)} - 1}{e^{(C_2/\lambda_1 T_{\alpha 1})} - 1}\right]^{\lambda_1^{\alpha 1}} = \left[1 - \frac{e^{(C_2/\lambda_2 T)} - 1}{e^{(C_2/\lambda_2 T_{\alpha 2})} - 1}\right]^{\lambda_2^{\alpha 2}} \tag{3-30}$$

式中，T 为火焰温度；T_{a1} 和 T_{a2} 为两个波长下的表观温度；C_2 为普朗克第二常数，参数 α 的值与炭黑的物理和光学特性有关。

得到火焰温度后，根据辐射定律可计算出火焰单色辐射率，从火焰单色辐射率中可以根据 Hottel 和 Broughton 公式计算火焰的 KL 因子，如式(3-31)。KL 因子与火焰中炭黑浓度成正比。

$$KL = -\lambda^{\alpha} \ln\left\{1 - \left[\frac{e^{(C_2/\lambda T)} - 1}{e^{(C_2/\lambda T_\alpha)} - 1}\right]\right\} \tag{3-31}$$

式中，K 为吸收系数；L 为沿视线方向的火焰厚度。

双色法只在温度沿视线均匀分布的情况下能给出真实温度，而且温度与炭黑浓度的非均匀性会影响检测结果的物理意义[157]。炭黑浓度非均匀性对测量温度的影响比非均匀温度对 KL 因子的影响小。如果温度的非均匀分布非常剧烈，得到的 KL 因子会比实际值小，而双色法测得的温度则比实际值高。

由于双色法是利用燃烧中固体颗粒物的热辐射进行测量，无须复杂的光路系统，所以广泛应用于内燃机缸内的燃烧诊断。

从双色法的实现方法来说，近年来的研究主要是用 CCD 摄像机获取辐射信息，有用分光镜、滤色片、两个单色 CCD 摄像机同时获取两幅单色火焰辐射图像，也有利用彩色 CCD 摄像机自身的分光特性来实现双色法的测量。

3.4.7　发射 CT 法

对于非均匀火焰对象，要从火焰的发射光谱中同时给出温度和炭黑体积份额分布，必须采用基于反问题求解的发射 CT 法。这也是一种基于视线的检测技术，需要用光谱仪或 CCD 图像传感器对火焰进行断层扫描，以接收来自不同方向的光谱辐射信息，在可见光或近红外光谱范围内，所得到的辐射信息主要是来自炭黑颗粒。如式(3-32)所示，轴对称火焰在第 j 条视线方向的单色辐射强度为[158, 159]

$$I_\lambda(j) = \int_{l0(j)}^{l_1(j)} k_\lambda(l) I_{b\lambda}(l) \exp\left[-\int_l^{l_1(j)} k_\lambda(l')dl'\right]dl \tag{3-32}$$

式中，$l_1(j)$、$l_0(j)$ 分别为镜头到光源和窄缝的距离；$I_{b\lambda}$ 为黑体单色辐射强度。

式(3-32)实际上是冷黑体边界条件下，不考虑介质散射的轴对称辐射传递方程，从中同时求解辐射源项(温度)和介质吸收系数(炭黑浓度)则是对辐射反问题的求解。对于非轴对称火焰系统，同样可以基于辐射传递方程建立相应的计算模型。但由于辐射反问题求解的复杂性，现有的研究方法大多对火焰辐射模型做了光学薄简化，仅考虑炭黑颗粒的发射，忽略了炭黑粒子的吸收，以降低辐射反问题求解的难度。然后用反演算法(如 Abel 逆变换)从火焰的多波长辐射信息中反演了火焰的温度和炭黑浓度分布[158]。但如果面向工业中的大尺寸燃烧火焰，则必须考虑炭黑颗粒的自吸收。

发射 CT 法作为一种非接触式测量方法，其设备简单、易于实现，采用相应的反问题求解算法可以同时获得非均匀火焰的温度分布和炭黑浓度分布。尤其是在一些不适合布置复杂光路的应用环境(如微重力实验中或大型工业燃烧系统)中，发射 CT 法具有它独特的优势。

3.5　火焰中自由基的测量

3.5.1　火焰自由基测量总述

基于激光诊断技术的火焰自由基测量具有非接触、高时间精度和空间精度的优点。缺点是设备相对昂贵，技术复杂，通常只适用于实验室火焰。常见的基于火焰自由基的激光诊断技术有 LAS (laser-absorption spectroscopy)、CRDLAS (cavity-ring-down laser-absorption spectroscopy)、ICLAS (intra-cavity laser-absorption spectroscopy)、LIF (laser-induced fluorescence)、DFWM (degenerate four-wave mixing)、CARS (coherent anti-Stokes Raman scattering)、PS (polarization spectroscopy)等[160]，如表 3.1 所示。利用火焰自由基的激光诊断技术可以测量火焰温度、气体组分分布以及热释放率、火焰锋面等参数。

表 3.1　火焰光谱诊断技术

方法	种类	能级变化	能量/(cm^{-1})	总压力/bar[①]	温度/K	环境	限制/(cm^{-3})	限制/ppm[②]	参考
LAS	HO$_2$	$2v_1-$band	6625.8	6.7(-3)	295	光解	3(13)	16.8	[162]
	NO	$(3,0)-$band	5524	1	1040	H$_2$/空气火焰	2.7(15)	100	[163]
	CH$_4$	$2v_3-$band	6048	1	300	吸收	1.8(14)	7	[164]
	NH	A$^3\Pi-$X$^3\Sigma(0,0)$, R$_2$(8)	29762	1	2100	NH$_2$/N$_2$/O$_2$ 平面火焰	3.0(13)	7.9	[165]
CRDLAS	OH	A$^2\Sigma-$X$^2\Pi(0,0)$	32500	0.04	1800	CH$_4$/空气火焰	2.0(10)	0.12	[166]
	CH$_3$	$^rR(6,6)$	3224.42	0.05	1400	CH$_4$/空气火焰	1.5(13)	57.6	[167]

① 1bar=10^{5}Pa

② ppm 为 10^{-6} 数量级

续表

方法	种类	能级变化	能量/(cm^{-1})	总压力/bar	温度/K	环境	限制/(cm^{-3})	限制/ppm	参考
ICLAS	HCO	$A-X(09^00)-(00^10)$	16260	0.047	1800	$CH_4/N_2/O_2$-火焰	1.4(11)	0.57	[168]
LIF	OH	$A^2\Sigma-X^2\Pi(0,0)$	32500	1	2000	$C_2H_6/N_2/O_2$-火焰	25.6(11)	0.07	[169]
	OH	$A^2\Sigma-X^2\Pi(0,0)$	32500	9.2	1700		1(14)	2.5	[170]
	NO	$A^2\Sigma-X^2\Pi(0,0)$	44247.8	1	2000		8(11)	0.22	[171]
DFWM	OH	$A^2\Sigma-X^2\Pi(0,0)$	32500	1	1700	预混-CH_4/空气火焰	2.0(13)	4.66	[172]
	OH	$A^2\Sigma-X^2\Pi(0,0)$	32500	1	2200		7.0(13)	21.1	[173]
	NH	$A^3\Pi-X^3\Sigma(0,0)$	29762	1	2100	$NH_3/O_2/N_2=$2.1/1.5/1.0			[174]
	CH_4	$v_3,Q(5)(1,0)$	3017.5	1(-6)	300	CH_4/N_2	1.5(11)	6174	[175]
	HF	$v_1,R(5)(1,0)$	4000	1(-3)	300	HF/He	1.0(10)	0.41	[176]
	CH_3	$3s^2A_1'-2p^2A_2''$	46185	1	1600	$CH_4/N_2/O_2$-火焰	3.0(14)	65	[177]
	C_2	$d^3\Pi_g-a^3\Pi_u$	19354	1	3000	C_2H_2/O_2-火焰	5(11)	0.19	[178]
CARS	C_2	Q(10)(l,0)	1611.7	1	2500	C_2H_2/O_2-火焰	1.0(10)	0.003	[179]
	OH	$O_1(7.5)(1,0)$	3065.3	1	≈1800	H_2/空气火焰	1.0(13)	2.5	[180]
	CO	Q(10)(l,0)	2143	1	2000	火焰	4.8(16)	13000	[181]
	CO	Q(10)(l,0)	2143	1	2000	火焰	7.3(16)	20000	[182]
	OH	$Q_1(7.5)(1,0)$	2560	0.0106	300	HNO_3/He	1.4(15)	5400	[183]
	NH_2	$v_1,/2v_4,(1,0)$	3210	0.0005	300	NH_3	1.2(12)	99	[184]
PS	C_2	$d^3\Pi_g-a^3\Pi_u(0,0)$	19357	1	1800	C_2H_2/O_2-火焰	1.0(12)	0.19	[185]
	OH	$A^2\Sigma-X^2\Pi(0,0)$	32500	1	2100	石烷/空气火焰	1.0(13)	2.9	[186]

注：该表改编自文献[78]。

典型的火焰自由基的火焰锋面探测技术如图 3.25 所示。

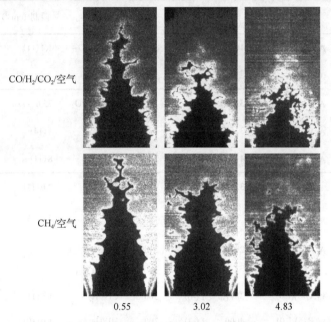

图 3.25　预混火焰 OH-PLIF 图像[161]

3.5.2　LAS

激光光谱吸收技术是利用被测气体的辐射光谱吸收特性，通过检测波长的变化来研究被测气体[162]。激光光谱吸收技术相对简单，但其对光线路径依赖的特征使得测量环境需要满足气体均匀性假设。激光光谱吸收技术涵盖了紫外(ultraviolet，UV)、可见光(visible，VIS)和红外区域(infrared，IR)。LAS 中入射光的光强损失可以通过式(3-33)(Lambert-Beer 公式)得到

$$I(\upsilon,l) = I_0(\upsilon)\exp[-k(\upsilon)C_{abs}l] \tag{3-33}$$

式中，C_{abs} 为吸收浓度；k 为分子吸收系数；υ 为频率；l 为路径。

激波管内的 LAS 设置如图 3.26 所示。

实验得到的发动机内 1392nm 吸收谱线如图 3.27 所示。

3.5.3　LIF

激光荧光诱导利用吸收激光光子后处于激发态的气体组分回到低能态时释放的荧光光子[30]。LIF 不但可以测量火焰自由基也可以进一步得到火焰温度等其他信息。PLIF(planar-LIF)已经广泛用于火焰截面的锋面轮廓及热释放率测量中。

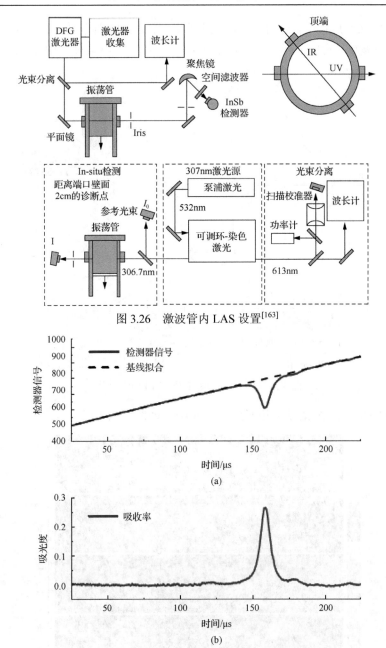

图 3.26　激波管内 LAS 设置[163]

图 3.27　发动机内 1392nm 吸收谱线[164]

LIF 强度可以通过式(3-34)得到

$$I_{\text{LIF}} = c I_{\text{laser}} N(p,T) f_{v,J}(T) B_{ik} \Gamma(p,T) \phi \tag{3-34}$$

式中，c 为常数，依赖于实验设置，LIF 光强依赖于探测体积内的激发分子数目；

$N(p,T)$ 为物质密度；$f_{v,J}(T)$ 为玻尔兹曼分数；B_{ik} 为爱因斯坦系数；$\Gamma(p,T)$ 为光谱重叠因子；ϕ 为荧光量子产率。OH/CH$_2$O-LIF 同步 LIF 测量设置如图 3.28 所示。

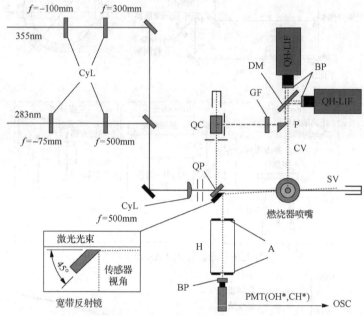

图 3.28　OH/CH$_2$O-LIF 同步 LIF 测量[165]

OH/CH$_2$O-LIF 图像以及热释放率分布图像如图 3.29 所示。

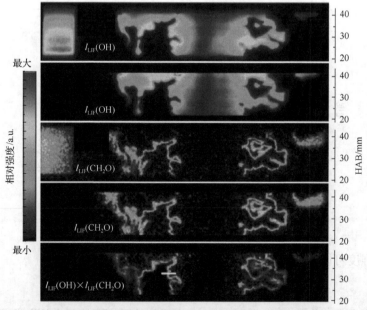

图 3.29　OH/CH$_2$O-LIF 图像以及热释放率分布图像[165]

　　甲醛 PLIF 拍摄的火焰点火过程和传统纹影方法拍摄的图像对比如图 3.30 所示。

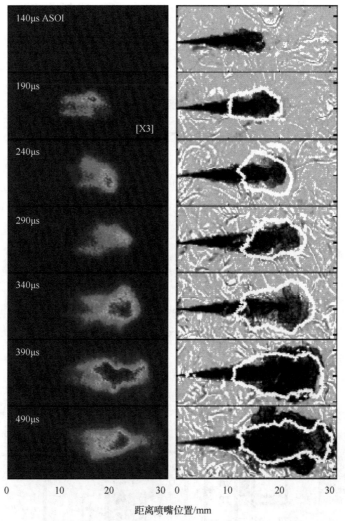

图 3.30　甲醛 PLIF 拍摄的火焰点火过程和传统纹影方法拍摄的图像对比[166]

3.5.4　CARS

　　CARS 属于非线性激光诊断一类，其他包括 DFWM（degenerate four wave mixing）和 PS（polarization spectroscopy），如图 3.31 所示。CARS 是目前火焰温度和组分测量最精确的一种技术，由于其需要很强的入射激光强度，所以目前还只能进行点测量。CARS 的信号非线性地依赖于所探测的分子浓度以及入射激光。

一致性反斯托克斯尼曼散射
(cohorent anti-stokes raman scattering, CARS)

$\omega_{CARS}=2\omega_1-\omega_2$

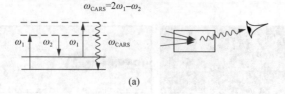

(a)

简化四波混合
(degenerate four wave mixing, DFWM)

$\omega_{DFWM}=2\omega_1-\omega_1$

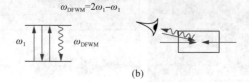

(b)

偏振光谱
(polarization spectroscopy, PS)

$\omega_{PS}=2\omega_1-\omega_1$

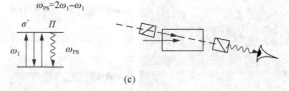

(c)

图 3.31　非线性激光诊断技术[160]

常见的 CARS 设置如图 3.32 所示。

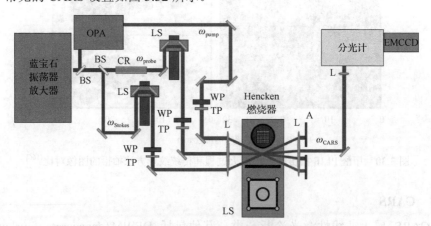

图 3.32　常见的 CARS 设置[167]

OPA：光学参数放大器；BS：光束分离器；CR：啁啾棒；WP：零阶波平面；A：孔；L：透镜；
TP：薄膜偏振镜；LS：线性位移平台；EMCCD：电子倍增电荷耦合器件

利用 CARS 测得的火焰温度如图 3.33 所示。

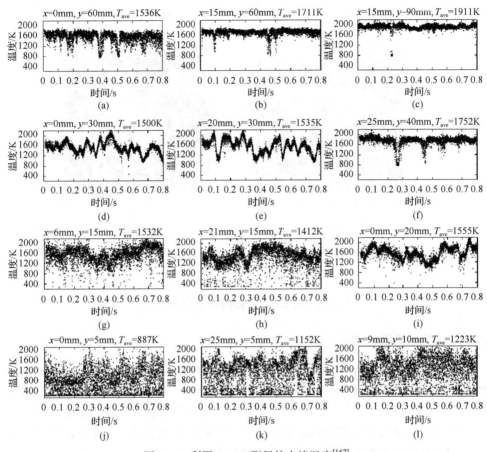

图 3.33　利用 CARS 测得的火焰温度[167]

CARS 测量得到的火焰 O_2 浓度和温度与大涡模拟(LES)结果比较如图 3.34 所示，D 为喷嘴直径，HAB 为高度，r 为宽度。

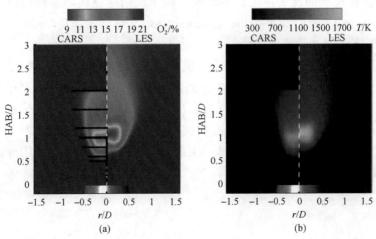

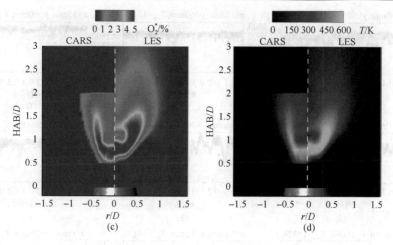

图 3.34　CARS 测量得到的火焰 O_2 浓度和温度与 LES 结果比较[168]

3.6　火焰闪烁频率的测量

3.6.1　火焰闪烁频率测量综述

　　火焰的闪烁频率测量可以分为火焰自发光频率测量和火焰荧光(flame chemilu-minescent)频率测量。其中，火焰荧光测量主要是利用光电倍增管(photomultiplier tube)以及图像测量。和火焰自发光不同，火焰荧光主要利用在探测器前增加滤光片，如 OH*(305nm)、CH*(403nm)等，获得相应的化学发光。通常化学发光又可以和热释放率等火焰参数联系起来。

3.6.2　火焰自发光频率测量

　　随着相机技术的发展，更高感光度、电子快门速度和动态范围的 CCD 和 CMOS(complementary metal-oxide semiconductor)传感器的普及，利用火焰自发光来测量火焰的频率也逐渐成为可能。

　　为了将火焰自发光和火焰荧光频率联系起来，需要对相机进行标定。把图像从 RGB 色谱转换到 HSV 色谱，如图 3.35 所示。然后将不同火焰类型根据预混火焰和扩散火焰在 HSV 色彩空间进行分类，因为 Hue 值只包含色彩信息，不同火焰的特征就可以被不同的 Hue 值分布所捕捉。

　　利用火焰自发光的图像可以得到火焰的预混和扩散部分不同的闪烁频率，如图 3.36 所示。

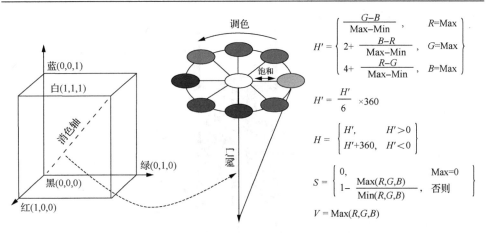

图 3.35　RGB 色谱到 HSV 色谱的转换[169]

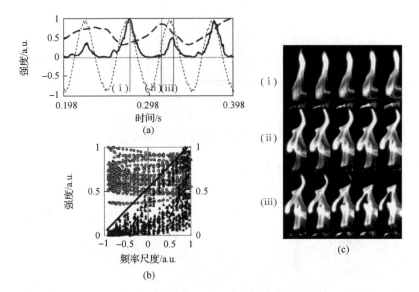

图 3.36　火焰中预混和扩散部分的不同频率分布[170]

3.6.3　火焰荧光频率测量

火焰荧光频率测量主要基于火焰光谱中被激发的基团如 OH*（(310±5) nm），CH*（(430±5) nm）以及 CO_2*（(450±5) nm）等的光谱特性测量火焰的频率。通常，零维的探测通过光电倍增管（photo multiplier tube，PMT）来完成，实验装置如图 3.37 所示。

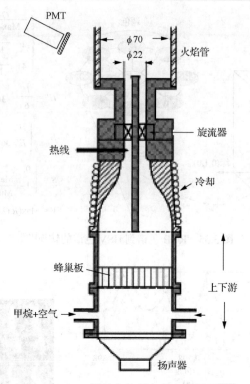

图 3.37 PMT 测量火焰频率的实验设置[171]

常见的火焰光谱如图 3.38 所示。

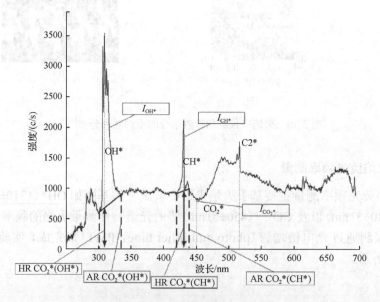

图 3.38 常见的火焰光谱分布[172]

另一种二维的火焰荧光频率测量通常通过ICCD相机完成。实验设置如图3.39所示。

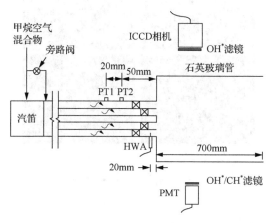

图 3.39　ICCD 和 PMT 同时测量火焰频率[173]

不同相位下的火焰 CH* 图像如图 3.40 所示。

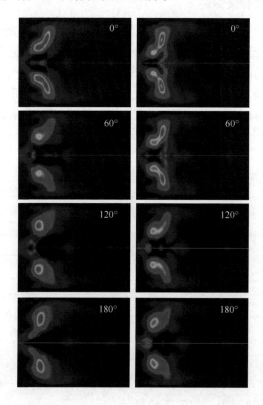

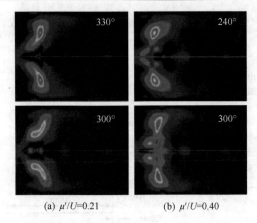

(a) $\mu'/U=0.21$　　　　(b) $\mu'/U=0.40$

图 3.40　不同相位下的火焰 CH*图像[174]

3.7　火焰外形的三维测量

3.7.1　火焰外形三维测量综述

火焰外形或者说火焰轮廓的测量主要利用火焰自身的发光，包括火焰面的三维重建和火焰体的三维重建。前者基于计算机视觉中的双目图像重建法[175]，后者基于计算机视觉中的断层投影法[176]。无论是双目图像重建法还是断层投影法，重建的火焰表面并不是真正的火焰反应面，而是火焰自发光的形态描述。

双目图像（stereoscopic image）三维重建流程如图 3.41 所示。

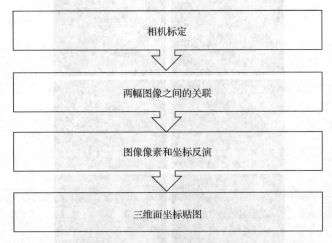

图 3.41　双目图像三维重建流程

CT 技术三维重建流程，如图 3.42 所示。

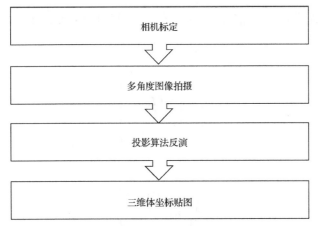

图 3.42　CT 技术三维重建流程

3.7.2　双目图像三维重建

双目图像三维重建利用了人类双眼的视觉原理,通过两个相机重建火焰表面。双目图像只能重建两个相机都能捕捉的火焰表面并且需要火焰的自发光相对较强。相机的标定方法可分为传统相机标定方法和自标定方法。传统标定方法是根据一定的成像模型,用已知形状及尺寸的标定参照物,对参照物所成的多幅图像进行处理,经过数学变换计算出内参数以及外参数。自标定方法则不依赖于具体的标定参照物,通过相机在拍摄过程中与其环境图像间的特定对应关系完成标定。

双目视觉的原理图如图 3.43 所示。

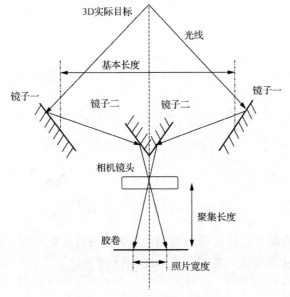

图 3.43　双目视觉的原理图[177]

对于一个图像矩阵(U,V)以及其对应的世界坐标(X,Y,Z)可以建立如式$(3-35)$的关系：

$$\begin{bmatrix} U \\ V \\ s \end{bmatrix} = \boldsymbol{BK} \begin{bmatrix} X \\ Y \\ Z \\ 1 \end{bmatrix} \tag{3-35}$$

式中，

$$\boldsymbol{B} = \begin{bmatrix} \alpha_u & 0 & U_c \\ 0 & \alpha_v & V_c \\ 0 & 0 & 1 \end{bmatrix} \tag{3-36}$$

为相机的内部矩阵；

$$\boldsymbol{K} = \begin{bmatrix} R & T \\ 0_3^1 & 1 \end{bmatrix} \tag{3-37}$$

为相机的外部矩阵。

因此知道矩阵 $\boldsymbol{B}$、$\boldsymbol{K}$ 后，就可以通过二维图像得到实际物体的三维图像。其中景深信息可以通过式$(3-38)$得到，原理图如图 3.44 所示。

$$d = U_R - U_L = bf / z \tag{3-38}$$

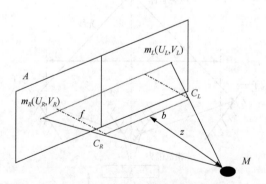

图 3.44　景深信息计算原理图[177]

对于式$(3-35)$而言，还需要添加额外的约束条件才能计算。两幅图像的关联需要通过对极约束来实现，对极几何如图 3.45 所示。

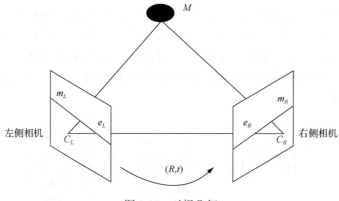

图 3.45　对极几何

对于两幅图像的对极线可以建立一个基础矩阵如式(3-39)所示：

$$F = B_R^{-\mathrm{T}} T R B_L^{-1}$$ (3-39)

式中，$B_R^{-\mathrm{T}}$ 和 $R B_L^{-1}$ 为左右相继的内部矩阵；T 为一个非对称矩阵。

点火过程的三维火焰面重建如图 3.46 所示。

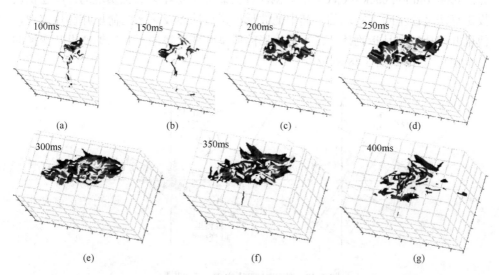

图 3.46　点火过程的三维火焰面重建[178]

3.7.3　CT 技术火焰三维重建

CT 技术的工作原理就是图像投影重建，根据投影方式的不同，可以分为透射断层成像(transmission computed tomography，TCT)、发射断层成像(emission computed tomography，ECT)、磁共振成像(magnetic resonance imaging，MRI)、

超声断层成像(ultrasound CT，UCT)和反射断层成像(reflection CT，RCT)等[179]。平行光线断层技术的基本原理如图 3.47 所示。当某个角度的平行光线穿过一个三维物体后，投影在其后相机或成像平面上的像并不能准确地反映物体的信息。只有将多个角度的投影结合起来才能重构光线所穿过介质的信息，这也是 CT 技术最基本的原理。

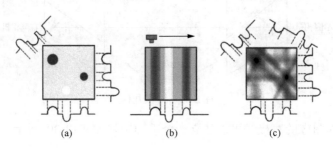

(a)　　　　　　　(b)　　　　　　　(c)

图 3.47　CT 技术基本原理[179]

在 Radon 提出最基本的投影重建理论，即 Radon 变换后，逐渐形成了两种具有代表性的投影变换算法：滤波反投影算法(filtered back projection)和卷积反投影算法(convolution back projection)。滤波反投影算法是在频域上实现的，而卷积反投影算法是在空间上实现的。其中滤波反投影算法涉及著名的傅里叶切片定理，傅里叶切片定理是指物体一维平行投影的傅里叶变换等同于其二维傅里叶变换的一个切片[180]，如图 3.48 所示。

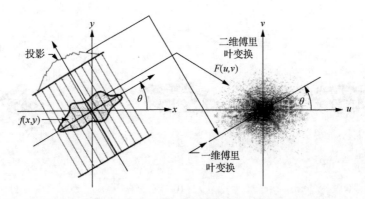

图 3.48　傅里叶切片定理示意图[180]

不同于平行光投影，另一种在工业上广泛使用的是扇形束投影，其示意图如图 3.49 所示。扇形束投影和平行光投影的区别在于前者是点光源发出的扇形光线束。

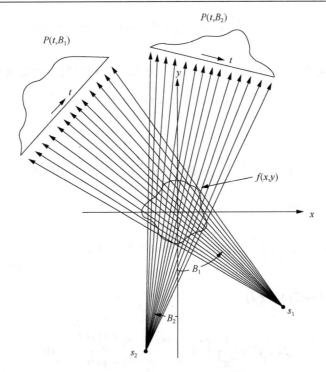

图 3.49　扇形束投影示意图[179]

对于平面上的可积函数 $f(x,y)$，沿直线 $L_{\theta,r}:x\cos\theta+y\sin\theta=r$ 积分可得其 Radon 变换：

$$F(\theta,r)=\int_{\theta,r}f(x,y)\mathrm{d}s \tag{3-40}$$

式中，$f(x,y)$ 为光线路径经过的函数。

接下来运用傅里叶切片定理，对式 (3-40) 进行傅里叶逆变换得到

$$f(x,y)=\int_{-\infty}^{\infty}\int_{-\infty}^{\infty}F(u,v)\mathrm{e}^{\mathrm{j}2\pi(ux+vy)}\mathrm{d}u\mathrm{d}v \tag{3-41}$$

在极坐标下，令

$$u=\omega\cos\theta,\qquad v=\omega\sin\theta \tag{3-42}$$

得到式 (3-41) 的傅里叶逆变换的极坐标形式：

$$f(x,y)=\int_{0}^{2\pi}\int_{0}^{\infty}F(\omega\cos\theta,\omega\sin\theta)\mathrm{e}^{\mathrm{j}2\pi\omega(x\cos\theta+y\sin\theta)}\omega\mathrm{d}\omega\mathrm{d}\theta \tag{3-43}$$

由傅里叶切片定理可知，式 (3-43) 变为

$$f(x,y) = \int_0^{2\pi} \int_0^{\infty} G(\omega,\theta) \mathrm{e}^{\mathrm{j}2\pi\omega(x\cos\theta+y\sin\theta)} \omega \mathrm{d}\omega \mathrm{d}\theta \qquad (3\text{-}44)$$

将式(3-44)在$(0,\pi)$和$(\pi,2\pi)$区间上分别积分，利用傅里叶变换对称性

$$G(\omega,\theta+\pi) = G(-\omega,\theta) \qquad (3\text{-}45)$$

得到

$$f(x,y) = \int_0^{\pi} \int_{-\infty}^{\infty} |\omega| G(\omega,\theta) \mathrm{e}^{\mathrm{j}2\pi\omega(x\cos\theta+y\sin\theta)} \mathrm{d}\omega \mathrm{d}\theta \qquad (3\text{-}46)$$

简化合并式(3-46)得

$$f(x,y) = \int_0^{\pi} \left[\int_{-\infty}^{\infty} |\omega| G(\omega,\theta) \mathrm{e}^{\mathrm{j}2\pi\omega(x\cos\theta+y\sin\theta)} \mathrm{d}\omega \right]_{\rho=x\cos\theta+y\sin\theta} \mathrm{d}\theta \qquad (3\text{-}47)$$

最终，式(3-47)可变为

$$f(x,y) = \frac{1}{2\pi^2} \int_0^{\pi} \mathrm{d}\theta \int_{-\infty}^{+\infty} \frac{\dfrac{\partial}{\partial r}F(\theta,r)}{x\cos\theta+y\sin\theta-r} \mathrm{d}r \qquad (3\text{-}48)$$

式中，通常投影区间为$(0,\pi)$，因为$(\pi, 2\pi)$的投影结果和其一样，这就是 Radon 逆变换。

常见的火焰三维断层重建实验设置如图 3.50 所示。

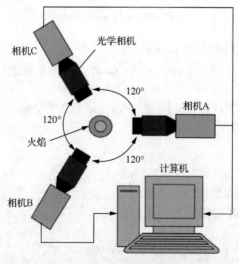

图 3.50　火焰三维断层重建实验设置[181]

火焰三维断层重建图像如图 3.51 所示。

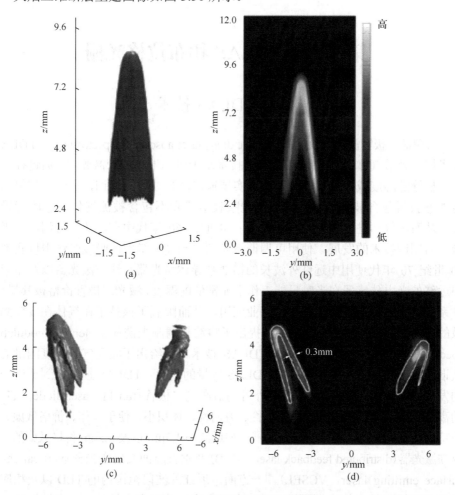

图 3.51　火焰三维断层重建图像[182]

第 4 章　TDLAS 和布拉格光栅

4.1　TDLAS 技术

可调谐二极管激光吸收光谱(tunable diode laser absorption spectroscopy，TDLAS)技术属于光谱气体检测技术。TDLAS 技术基于可调谐二极管激光器，通过控制激光二极管的温度或者注入电流，能够实现输出激光波长的微调，在一个扫描周期内能够获得包含被测气体信息的单线吸收谱线和不包含被测气体信息的背景谱线，从而对气体进行定性和定量分析。20 世纪 60 年代中期，随着可调谐二极管激光器制造技术的发展，使用可调谐激光源得到高分辨率的吸收光谱得以实现。20 世纪 70 年代使用中远红外波长的铅盐半导体激光器，这类激光器以及相应的中远红外光电传感器在当时只能工作于非常低的温度，激光二极管价格极其昂贵，且系统复杂，不能适应大规模的工业应用，从而限制了该技术在气体在线检测领域的应用。20 世纪 80 年代，Reid 提出了将波长调制光谱(wavelength modulation spectroscopy，WMS)技术应用于 TDLAS 技术，并给出了实现气体浓度测量的二次谐波表达式，从而大大提高了 TDLAS 测量的精度，TDLAS 技术得到了进一步的发展。以后的 10~15 年，近红外可调谐激光二极管(tunable laser diode，TLD)的高强度、可调谐、窄频宽、相干性、方向性、体积小、便于操作、价格低廉、单模特性优秀等优点得到了长足的发展，如近红外 1.3μm 以及 1.5μm 价格低廉的分布反馈激光器(distributed feedback laser，DFB)及垂直腔面发射激光器(vertical-cavity surface emitting laser，VCSEL)。一方面，近红外波段范围内的 TLD 以及相应光学探测器等硬件元件成本降低、可以室温操作、使用寿命较长、稳定性极高，这使得 TDLAS 在近红外波段的发展以及商品化获得了良好的条件，使其迅速成为气体监测的理想光源。另一方面，随着波长调制等技术的应用，尽管在 0.75~2.59μm 的近红外波段内谱线强度与中红外相比要低许多，但是利用泛频区的吸收谱线所进行的探测已满足很多工业领域内对于气体检测的要求。TDLAS 技术具有以下优点：①反应迅速，响应周期不超过 1ms，可以实现实时测量；②实验系统简单、成本低廉，易于应用于工业环境现场实现在线测量；③灵敏度较高，不同的气体吸收谱线，探测极限可至 ppm 或 ppb 量级，完全满足测量需要；④不受其他气体影响，同时可以极大地避免激光强度波动和颗粒物对激光强度的干扰；⑤测量结果是光路上的气体平均值，可以反映被测环境整体情况；⑥可以实现温度与浓度同时测量[183]。

4.1.1 TDLAS 测量的基本原理

根据 Beer-Lambert 定律，一束单色激光穿越气体介质时，其强度变化可以用式(4-1)来进行描述：

$$\frac{I_t}{I_0} = \exp\left[-PS(T)\phi(v)XL\right] = \exp[-\alpha(v)] \tag{4-1}$$

式中，I_0 为无气体吸收时的参考激光强度；I_t 为穿越气体介质时经过气体吸收后的激光强度；$S(T)$ 为该气体特征谱线的线强度，$cm^{-2}\cdot atm^{-1}$，它表示该谱线的吸收强度，只与温度有关；P 为气体介质的总压，atm；L 为激光在气体中传播的距离，cm；X 为气体的体积浓度；$\phi(v)$ 为线型函数，cm，它表示被测吸收谱线的形状，与温度、总压力和气体中的各成分含量有关。定义 $\alpha(v)$ 为测量中得到的光谱吸收率信号。

后面将分别对其中的参数进行相应的介绍，介绍之前首先需要了解 HITRAN 分子光谱数据库。

1. HITRAN 分子光谱数据库

HITRAN 分子光谱数据库是高精度迁移分子吸收数据库(high resolution transmission molecular absorption database)的简称，由剑桥空气动力研究实验室开发，免费向各研究院校开放。分子吸收数据库每年不断更新，其最新版本为 HITRAN2008，这是国际上通用的分子光谱软件。HITRAN 分子光谱数据库用于查询分子吸收光谱数据，如谱线波长(波数)、谱线线强、空气加宽系数、自然加宽吸收以及内部分割函数值等，已有文献对 HITRAN 数据库的使用方法进行了详细的介绍[184,185]。图 4.1 给出了利用 HITRAN 数据库计算出的几种常见气体的在近红外波段光谱范围内的分子吸收谱线图。

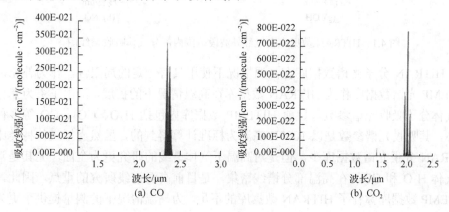

(a) CO   (b) CO_2

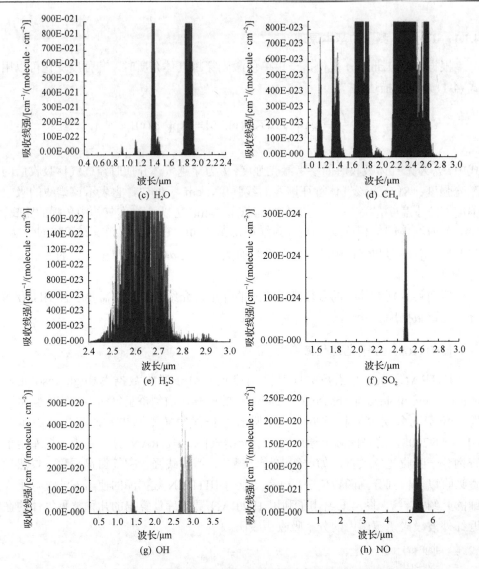

图 4.1　HITRAN 数据库在近红外波段范围内部分气体吸收谱线图

　　HITRAN 分子光谱数据库在高温情况下使用具有一定的局限性，作为补充，HITEMP 光谱数据库作为 HITRAN 数据库在高温情况下的扩展，给出了更为充分的气体分子吸收光谱参数。目前 HITEMP 数据库内包括 H_2O、CO_2、CO 等多种气体，其吸收光谱参数是以 1000K 高温为标准计算得到的，虽然囊括气体种类比 HITRAN 分子光谱数据库少，但是对高温下气体谱线的研究更为全面，尤其是常用气体 H_2O 和 CO，在高温部分谱线密集，是目前高温谱线研究的重点，因此，HITEMP 数据库弥补了 HITRAN 数据库的不足，为高温情况下的测量提供了更为准确的光谱参数。

2. 线强

谱线的线强度 $S(T)$ 代表该谱线对于光强度吸收的强弱，是分子能级跃迁时吸收与辐射的综合效果，其值与对应跃迁能级的分子数目以及跃迁概率有关。对于特定的分子吸收谱线，其谱线强度只与温度相关，可以通过分子光谱数据库 HITRAN 进行计算。实际运用时，可以通过式(4-2)进行计算。首先选取一个参考温度，计算其线强度 $S(T_0)$。温度 T 时的线强度 $S(T)$ 可以通过式(4-2)进行校正：

$$S(T) = S(T_0)\frac{Q(T_0)}{Q(T)}\exp\left[\frac{-(hcE_i'')}{k}\left(\frac{1}{T}-\frac{1}{T_0}\right)\right] \times \left[\frac{1-\exp(-hcv_0/kT)}{1-\exp(-hcv_0/kT_0)}\right] \quad (4-2)$$

式中，Q 为总的分子内部分割函数；E_i'' 为低跃迁态的能量；h 为普朗克常量；k 为玻尔兹曼常量；c 为光速；v_0 为跃迁频率。式(4-2)的最后一项为激励辐射，在波长低于 2.5μm 和温度低于 2500K 时可以忽略。其中 Q 采用多项式拟合的方法得到近似值：

$$Q(T_j) = a + bT_j + cT_j^2 + dT_j^3 \quad (4-3)$$

式中，系数 a、b、c、d 在不同的温度范围内有不同的取值，在进行计算时可以在 HITRAN 光谱数据库中查询得到，或者通过 HITRAN 软件直接进行计算。需要特别指出的是，HITRAN 数据库中查询得到的谱线强度单位为 $cm^{-1}/(molecule \cdot cm^{-2})$，利用 Beer 定律进行计算的过程中对应的单位为 $cm^{-2} \cdot atm^{-1}$，二者之间的换算如下：

$$S(T)(cm^{-2} \cdot atm^{-1}) = S(T)\left[cm^{-1}/(mol \cdot cm^{-2})\right] \times \frac{N[mol]}{PV\left[cm^3 \cdot atm\right]}$$

$$= S(T)\left[cm^{-1}/(mol \cdot cm^{-2})\right] \times \frac{7.34 \times 10^{21}}{T[k]}\left[\frac{mol \cdot K}{cm^3 \cdot atm}\right] \quad (4-4)$$

3. 线型函数

线型 Φ 用于描述测量环境中气体吸收谱线的形状，是以分子跃迁点频率为中心呈现出的一种分布状态。线型反映光谱吸收系数的相对变化，谱线吸收线中心有最大值。谱线宽度是指谱线强度下降到一半时相应的两个频率之间的频率宽度。导致测量谱线展宽的原因有很多，根据加宽作用的物理机理，分为均匀加宽和非均匀加宽，以及两种作用同时造成的综合加宽。均匀加宽包括自然加宽、碰撞加宽和晶格热振动加宽；非均匀加宽包括多普勒加宽和晶格缺陷加宽。一般情况，多普勒加宽、碰撞加宽以及二者综合加宽占据主要的地位。

1) 高斯线型函数

当测量环境中温度所引起的热力作用占主导地位，而压力影响相对较小时，线型可以通过高斯函数进行计算，如式(4-5)所示：

$$\phi_D(\nu) = \frac{2}{\Delta \nu_D} \left(\frac{\ln 2}{\pi} \right)^{1/2} \exp\left[-4\ln 2 \left(\frac{\nu - \nu_0}{\Delta \nu_D} \right) \right] \tag{4-5}$$

其中热力(多普勒)线宽 $\Delta \nu_D$ 为

$$\Delta \nu_D = \left(7.1623 \times 10^{-7} \right) \nu_0 \sqrt{\frac{T}{M}} \tag{4-6}$$

式中，ν_0 为跃迁点的频率；M 为摩尔分子质量；T 为热力学温度。通常情况下高斯线型函数在压力极低时采用，且对于分子质量较小的气体以及短波的影响较大。

2) 洛伦兹线型函数

当测量环境中的压力影响占优时，线型可以利用洛伦兹线型进行描述：

$$\phi_c(\nu) = \frac{1}{2\pi} \frac{\Delta \nu_c}{(\nu - \nu_0)^2 + \left(\frac{\Delta \nu_c}{2} \right)^2} \tag{4-7}$$

碰撞线宽 $\Delta \nu_c$ 在给定温度下正比于压力：

$$\Delta \nu_c = P \sum X_B 2\gamma_{A-B} \tag{4-8}$$

式中，A 为气体的种类；P 为总压力；X_B 为碰撞干扰气体 B 的摩尔分数；γ_{A-B} 为碰撞加宽系数，其值由实验得出，并且可在数据库中查到不同气体种类的加宽系数。

碰撞加宽系数随温度的变化通常用式(4-9)表示：

$$2\gamma(T) = 2\gamma(T_0) \left(\frac{T_0}{T} \right)^N \tag{4-9}$$

式中，T_0 为参考温度；$\gamma(T_0)$ 为在参考温度下的加宽系数；N 为温度指数，其值小于1，典型值为0.5。温度指数是温度的函数，但依赖性不强，在高温时，温度对它的影响更小。

3) 福依特线型函数

当多普勒加宽和碰撞加宽作用相当时，最合适的线型为福依特线型函数[186]。福依特线型函数由高斯线型函数与洛伦兹线型函数卷积而成，其表达式为

$$\phi_V(v) = \int_{-\infty}^{+\infty} \phi_D(u)\,\phi_c(v-u)\,\mathrm{d}u \tag{4-10}$$

定义福依特参数 α 为

$$\alpha = \frac{\sqrt{\ln 2}\,\Delta v_C}{\Delta v_D} \tag{4-11}$$

并定义积分变量 y 为

$$y = \frac{2u\sqrt{\ln 2}}{\Delta v_D} \tag{4-12}$$

同时，w 表示距离吸收谱线中心光谱长度的无量纲数，定义为

$$w = \frac{2\sqrt{\ln 2}\,(v-v_0)}{\Delta v_D} \tag{4-13}$$

通过变换，式(4-10)可以转化为

$$\phi_V(v) = \phi_D(v_0)\frac{\alpha}{\pi}\int_{-\infty}^{+\infty}\frac{\exp(-y^2)\mathrm{d}y}{\alpha^2+(w-y)^2} = \phi_D(v_0)V(\alpha,w) \tag{4-14}$$

目前，对于福依特线型函数还没有直接的解析解，因此目前研究领域大量引用的都是估算值。

4.1.2 TDLAS 探测方法

1. 直接测量法

对于式(4-1)两边进行对数运算后在整个频域内进行积分，可得

$$PXS(T)L = \int_{-\infty}^{+\infty}-\ln\left(\frac{I_t}{I_0}\right)\mathrm{d}v = A \tag{4-15}$$

因此，气体浓度可以通过计算式(4-16)直接得到

$$X = \frac{\int_{-\infty}^{+\infty} -\ln\left(\frac{I_t}{I_0}\right) d\nu}{PS(T)L} = \frac{A}{PS(T)L} \qquad (4\text{-}16)$$

典型的直接测量系统如图 4.2 所示,波形发生器产生特定的扫描波形(如正弦波、锯齿波等),激光控制器包括电流调节模块和温度调节模块,从而实现半导体激光器(semiconductor laser)的中心波长和扫描范围的调控;激光束被准直器准直后穿过充满气体的吸收池,被光电探测器接收,探测器将吸收的光电信号经多通道数据采集卡传输到计算机并由计算机进行数据分析,完成气体吸收信号的检测。

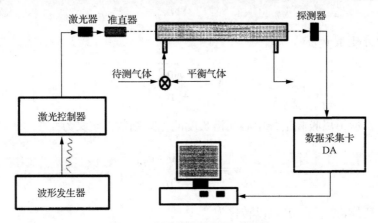

图 4.2　典型的直接测量系统图

图 4.3 表示直接测量法中,经典的光强传递和吸收谱线。高温测量过程中,光学噪声干扰来自探测器背景噪声、可见光强、火焰辐射以及其他干扰信号。这些干扰虽然强度较弱,但是被有效地剔除后有利于提高探测精度、改善系统性能,因此,在利用 Beer 定律时,入射光强不单单是激光器发出的激光强度,还要考虑

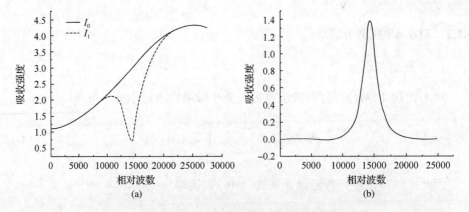

图 4.3　直接测量的吸收测量中入射光强和吸收光强

到各项干扰信号造成的光强变化。实验中采用拟合背景的方法，即根据吸收信号采用多项式拟合的方法获得初始基线，透射光信号与入射光信号相比后，$\ln(I_t/I_0)$将系统噪声进行了一定程度的剔除，对其进行面积积分，即可获得所求的气体浓度。

采用直接测量法测量火焰中 CO 的浓度具有以下两个优点：①操作简单，与波长调制法相比，无须标定，由背景信号拟合而来，因此无须复杂的实验设备和烦琐的标定步骤，省去大量的经费投资和人力投入，便于实际燃烧环境的工业化应用；②直接测量法形象直观，可以及时反映光学噪声和火焰波动对信号造成的干扰，同时谱线之间的干扰和重叠等也在处理过程中一目了然，便于信号分析和系统的及时校正。缺点是与波长调制法相比，对噪声的抑制作用相对较弱。

2. 波长调制法

可调谐半导体激光吸收光谱技术测量系统中，探测器背景噪声、光强波动、火焰辐射等都处在低频区，在高频区激光噪声和探测器热力噪声都很小，使用调制技术可以通过探测高频信号提高测量的灵敏度和信噪比。光谱测量中最常见的调制技术一般分为两种：波长调制(wavelength modulation system，WMS)和频率调制(frequency modulation system，FMS)。波长调制使用调制频率远远小于线宽，一般在几 kHz 到几十 kHz，搭建系统设备可以采用通用的商业化产品，如锁相放大器、光电探测器等，如图 4.4 所示。而频率调制使用调制频率则等于甚至大于线宽，达到了上百 MHz，其对应的高频探测器等设备价格昂贵，但是其测量精度将有显著提高。激光测量中一般采用波长调制技术进行测量研究[187,188]。

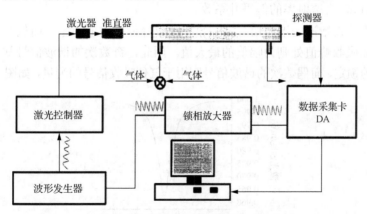

图 4.4　经典的波长调制测量系统

可调谐半导体激光器具有线宽窄和快速频率调制等特点，可以通过注入电流方便地进行调制，把一个小的高频余弦调制信号加到低频扫描信号上：

$$i(t) = i_0 + i_a \cos(2\pi ft) \tag{4-17}$$

式中，i_0 和 i_a 分别指扫描信号的幅值和调制信号的幅值。由于半导体激光二极管的输出频率随其注入电流变化，它们引起激光器发射激光的频率调制。激光器的输出瞬时频率为

$$\nu(t) = \nu_c + \nu_a \cos(2\pi ft) \tag{4-18}$$

式中，ν_c 为激光二极管在电流为 i_0 时所对应的频率；ν_a 为频率调制幅度。由于激光器的注入电流影响激光发射功率，不仅激光波长被调制而且功率也被调制：

$$I_0' = I_0(1 + \eta \sin \omega t) \tag{4-19}$$

式中，η 为光强调制系数；ω 为电流调制频率。

在洛伦兹线型函数条件下，调制后经过光程长度为 L 的样品池后，透射光强可以表示为

$$I(t) = I_0(1 + \eta \sin \omega t) \exp\left[-S(T)XLPg(\nu_0 + \delta_\nu \sin \omega t)\right] \tag{4-20}$$

式中，ν_0 为激光中心频率；δ_ν 为调制幅度。

在周期性的调制信号下，透射激光的强度可以用傅里叶余弦级数表示为

$$I(t) = I_0(t)T\left[\bar{\nu} + a\cos(2\pi ft)\right] \sum_{k=0}^{k \to +\infty} H_k(\bar{\nu}, \bar{a}) \cos(k2\pi ft) \tag{4-21}$$

式中，$H_k(\bar{\nu}, \bar{a})$ 为透射率的傅里叶系数。

理论上，奇数次的谐波信号，在原始吸收峰值处的值为零，而偶数次的谐波信号在原始吸收峰值处则为幅值的最大值。因此，奇数次的谐波信号常常用于谱线中心处的锁定，而偶数次的谐波信号则用于气体吸收信号的测量，如图 4.5 所示。

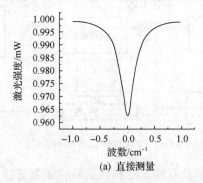

(a) 直接测量

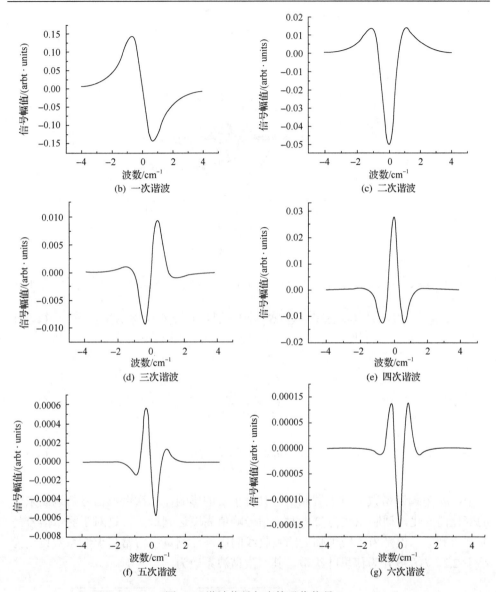

图 4.5　谐波信号与直接吸收信号

　　随着谐波次数的增加，偶数次的谐波信号衰减十分迅速，如图 4.6 所示。二次谐波强度大，波形稳定，通常用于进行实际气体浓度检测。

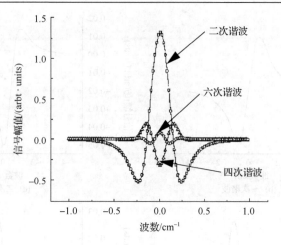

图 4.6　偶次谐波信号分布图

针对吸收系数较小的测量环境 $(XLPS(T) \leqslant 0.1)$，激光透射率 $T(v)$ 可以表示为

$$T(v) = \frac{I_t}{I_0} = \exp\left[-XLPS(T)\phi(v)\right] \approx 1 - XLPS(T)\phi(v) \tag{4-22}$$

定义

$$x = \frac{\overline{v} - v_0}{\Delta v_c / 2} \tag{4-23}$$

$$m = \frac{a}{\Delta v_c / 2} \tag{4-24}$$

式中，m 为调制系数，对于调制信号具有重要的影响，二次谐波信号随调制系数的变化而变化，调制系数为 2.2 时，信号峰值高度达到最大，这对于测量信号是非常有利的。但是为了减少临近的吸收线的影响，测量中常常将调制系数设定为小于 2.2。$I(t)$ 展开为傅里叶级数，其二次谐波系数为

$$H_2(x,m) = \frac{2XLPS(T)}{\pi\Delta v_c}\left[\frac{\sqrt{2}(M+1-x^2)\sqrt{M+\sqrt{M^2+4x^2}} + 4x\sqrt{M+\sqrt{M^2+4x^2}-M}}{m^2\sqrt{M^2+4x^2}} - \frac{4}{m^2}\right]$$

$$\tag{4-25}$$

式中，$M = 1 - x^2 + m^2$。对于吸收线中心 $x = 0$。二次谐波信号峰值表示为

$$P_{2f} \propto \frac{I_0 SPXL}{\Delta\nu} \left\{ \frac{2}{m^2} \left[\frac{2+m^2}{(1+m^2)^{\frac{1}{2}}} - 2 \right] \right\} \tag{4-26}$$

二次谐波信号峰值直接与浓度信号成正比，实际测量中采用二次谐波信号的峰值 P_{2f} 测量浓度信号，与直接测量法相比，大大简化了气体浓度计算过程。低频正弦波扫描信号(几百 Hz)与高频正弦调制信号(几千到几兆 Hz)混合后，加载在可调谐激光器输入端，驱动激光器的波长在吸收谱线中心附近发生扫描和调制。输出的激光经过透镜准直后，进入气体吸收池中进行测量，透射后的激光信号由探测器探测接收转换为电信号，分别输入至锁相放大器和数据采集卡。由于测量得到的二次谐波信号峰值与浓度呈线性关系，测量中得到的气体浓度信号为相对值，要得到气体的浓度绝对值还需要通过标准气体对吸收峰值进行标定。波长调制技术有利于降低测量系统中的低频噪声干扰影响，提高测量灵敏度。测量中对目标信号进行高频调制，便于后续信号处理过程的筛选；非目标信号没有经过调制，在后续的信号处理过程中将被去除，大大降低了测量系统中噪声影响与外部的背景信号干扰。因此波长调制技术的优点是高灵敏度和高精度，二次谐波的波峰易于捕捉，可实现探测信号的在线追踪，是实现高准确性实时测量的技术基础。波长调制技术也有一定的缺点，其测量得到的结果是浓度变化的相对值，需要经过标定才能确切得到绝对值；另外，测量环境的改变对于其测量结果的影响比较复杂，从得到的谐波结果中很难对谱线干扰、噪声的来源等信息进行分析[189]。

3. 气体温度的测量

温度的测量主要依据多普勒加宽理论，温度与多普勒线宽的关系如式(4-27)所示：

$$T = M \left(\frac{\Delta\nu_D}{7.1623\times10^{-7}\nu_0} \right)^2 \tag{4-27}$$

式中，$\Delta\nu_D$ 为多普勒线宽；ν_0 为吸收气体分子的中心频率；M 为吸收气体分子的质量。

两条不同波长的激光穿过同一测试区域，路径长度和气体组分浓度必然相同，积分得到的吸收面积比值(A_1/A_2)等于吸收谱线的线强比值 $R[S_1(T)/S_2(T)]$，而线强比值 R 为温度的函数，如图 4.7 和图 4.8 所示。

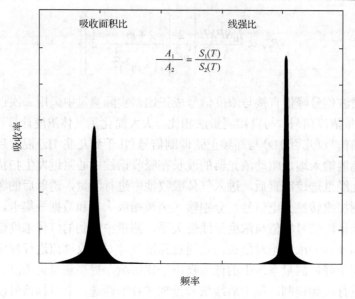

图 4.7 两种不同波长吸收谱线信号

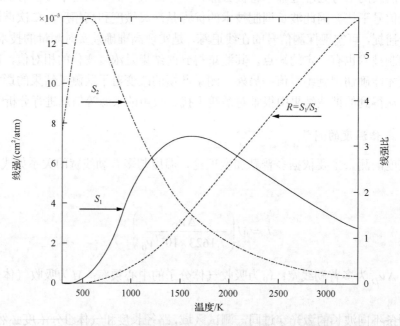

图 4.8 两种不同波长激光线强及其吸收率随温度的变化

由线强 $S(T)$ 的计算公式,推导出谱线线强比值 R 与温度 T 满足关系:

$$R = \frac{S_1(T)}{S_2(T)} = \frac{A_1}{A_2} = \frac{S_1(T_0)}{S_2(T_0)} \exp\left[-\frac{hc}{k}\left(E_1'' - E_2''\right)\left(\frac{1}{T} - \frac{1}{T_0}\right) \right] \quad (4\text{-}28)$$

因此，温度可表示为

$$T = \frac{\left(E_1'' - E_2''\right)hc / k}{\ln R + \ln\left[\dfrac{S_2(T_0)}{S_1(T_0)}\right] + \left(E_1'' - E_2''\right)hc / kT_0} \tag{4-29}$$

测温的灵敏度通常用谱线线强比值对温度的微分(式(4-30))表示：

$$\left|\frac{\mathrm{d}R / R}{\mathrm{d}T / T}\right| = \left(\frac{hc}{k}\right)\frac{\left|E_1'' - E_2''\right|}{T} \tag{4-30}$$

可见，选取的谱线对低态跃迁能相差越大，测温的灵敏度越高。实际测量中，谱线对低态跃迁能的差值选取主要考虑以下两点因素：①温度由两条吸收测量谱线积分面积的比值得到，因此这两条谱线应该具有相同的信噪比(signal to noise ratio，SNR)，然而选择吸收谱线的吸收能力与低态跃迁能 E'' 成反比关系，由此推出的低态跃迁能的值称为选择的上限 $E_{\max}$；②低态跃迁能 E'' 越低，在冷的环境下，吸收能力越强，为了消除周围环境区域内测试气体的影响所对应的低态跃迁能的值称为选择的下限 $E_{\min}$[190]。

4.1.3　TDLAS 系统相关仪器

根据情况的差异，不同的 TDLAS 系统可能包含不同的仪器，但是几种主要的设备都是必需的，下面针对系统中主要的设备进行介绍。

1. 激光器

激光器的结构由以下主要部分组成：①工作介质，是指用来实现粒子数反转并产生光的受激辐射放大作用的物质，其类型可以是气体、固体或半导体，种类繁多，可产生的激光波长从真空紫外到远红外；②激励源，用于提供能量维持粒子数反转，从而得到的稳定的激光信号，常见的激励源包括光激励、电激励、热激励、化学激励等；③谐振腔，是为了增强受激辐射的强度，采用具有一定几何形状和光学反射特性的两块反射镜按特定的方式组合成的腔体。光在谐振腔中来回振荡，不断诱发新的受激辐射，造成连锁反应，使得光强度获得放大，从而产生强烈的激光，然后从反射镜输出。光束在腔内往返振荡的同时，限制了激光的方向和频率，从而保证输出激光具有很好的定向性和单色性。

在激光器的发展历史上，对激光器有不同的分类方法，按工作介质的不同分为固体激光器、气体激光器、液体激光器和半导体激光器；根据激光输出方式的不同又可分为连续激光器和脉冲激光器，还可以按发光的频率和发光功率大小分类。按照工作介质的分类方法，激光器主要类型及其特点为：①固体激光器。这类激光器采用的工作物质是通过把能够产生受激辐射作用的激活离子掺入晶体或玻璃基质中构成发光中心而制成的,具有器件小、输出功率大的特点,如钇铝石榴石(yttrium aluminium garnet,YAG)晶体中掺入三价钕离子的激光器等。②气体激光器。这类激光器采用气体作为工作介质,并且根据气体中真正产生受激发射作用的工作粒子性质的不同,而进一步区分为原子气体激光器、离子气体激光器、分子气体激光器、准分子气体激光器等。气体激光器具有结构简单、操作方便、工作介质均匀、能长时间较稳定地连续工作的优点,是目前应用非常广泛的一类激光器,如常见的氦氖激光器等。③半导体激光器。半导体激光器是以半导体材料作为工作介质的。采用一定的激励方式在半导体物质的能带之间或能带与杂质能级之间,通过激发非平衡载流子实现粒子数反转,从而产生光的受激发射作用。光纤通信和半导体行业的发展极大地推动了半导体激光器的发展,其性能稳定、价格低廉、室温下工作、操作简单,使其成为气体检测的理想光源。④液体激光器。这类激光器的工作介质为有机荧光染料溶液或含有稀土金属离子的无机化合物溶液。例如,常见的染料激光器,使用激光作泵浦源,通过选择不同的染料获得不同波长的激光,输出波长连续可调,覆盖面宽。

近些年,随着通信行业的发展,半导体激光器得到了迅猛的发展。在信道间隔已降至 50GHz 甚至 25GHz 的密集波分复用系统中,采用可调谐激光器将大大降低系统的运营成本和备份成本。满足光通信系统要求的商品化的可调谐激光器应该达到如下标准:低成本、高输出功率(>10mW)、宽的调谐范围(>30nm,覆盖整个 C 带或 L 带)、调制速率可达 2.5Gbit/s 以上及高的可靠性和稳定性,这些都为 TDLAS 气体测量技术的实现提供了极大的便利。目前可调谐半导体激光器主要包括可调谐 DFB、分布布拉格反射镜激光器(distributed Bragg reflector laser,DBR)、VCSEL 和外腔半导体激光器(external cavity diode laser,ECDL)。

1)可调谐 DFB

在可调谐 DFB 中,波长选择机构是分布在有源区里的光栅。可调谐 DFB 一般通过温度和电流来实现调谐,DFB 电调谐的范围较窄,典型值为 0.2nm,而通过温度调谐可以达到 5nm 的范围,但是温度调谐的速度很慢,只能用于对气体谱线位置的大致选择,而不能用于对于谱线的快速扫描。因此,在测量中对温度和电流同时进行控制,首先通过温度调谐使得激光器输出波长位于吸收谱线中心,然后再利用电调谐进行谱线的扫描。相对于 ECDL,DFB 的输出能量随波长变化比较平稳,可以用三项式拟合的方法确定基线,其频率响应特性较高,能够在高频的工作波段使用。DFB 的输出线形宽度大约为 10MHz,相对于谱线的宽度,其宽度已经足够窄。一般而言,通信波段 1.51μm DFB 的功率大概为 10mW,在 2.0μm大概为 1mW,但是随着科技的进步,激光器输出能量也在不断变化。

2) ECDL

外腔结构的可调谐激光器通常由外部镜面或光栅与半导体激光二极管构成谐振腔。半导体激光二极管仅起增益介质的作用，波长选取和调谐功能由外部镜面或光栅的光反馈来控制。ECDL 通过改变谐振腔的结构尺寸或形状进行波长调谐，具有很宽的调谐范围，线宽很窄(典型值为 300kHz)，但是由于受到调制原理的限制，一般其调制频率不高，不适合测量快速变化的气体介质。与其他可调谐半导体激光器相比，ECDL 偏振噪声更大，且输出能量随波长变化范围很大，难以通过拟合的方法确定基线。

3) VCSEL

VCSEL 是一种新型半导体激光器,它与常规的侧向出光的边发射(edge-emitting)激光器在结构上有着很大的不同：边发射激光器的出射光平行于芯片表面，VCSEL 的出射光垂直于芯片表面。通过使谐振腔的某个反射镜发生移动，从而改变腔的长度进行波长调谐。利用电流调谐，其调谐范围可以达到 $5\sim6$nm，远远高于 DFB 电流调谐时的典型值 0.2nm，这样宽的调谐范围可以同时扫描多条谱线以进行多种气体的测量。VCSEL 具有很高的调谐重复比率(高达 MHz)，调谐速度很快(>5cm$^{-1}\cdot$s^{-1})，保证了时间分辨率。

2. 探测器

探测器用于测量过程中将光信号转化为对应的电信号，从而对其光强度的大小变化进行监测。对于可调谐激光吸收光谱技术，要求探测器不但在对应的波长范围内对光信号具有较高的灵敏度，还要求其具有足够的频率响应带宽，满足对于调制测量的要求[191]。

近些年，自平衡探测器开始用于微弱信号的检测当中。自平衡探测器包括两个光电二极管、电流分束器、减法运算模块以及反馈放大器等。工作时同时测量一组参考光路和一组信号光路，通过探测器内部的低频反馈回路控制电流分束器，从而自动维持两路信号中的直流分平衡。由减法运算模块将两个通道中共有的噪声消除，从而得到测量光路中的吸收信号，大大地提高了测量结果的信噪比。图 4.9 给出自平衡探测器的内部平衡电路图[192]。

3. 锁相放大器

锁相放大器是以相干检测技术为基础的微弱信号测量设备。通过对被测信号进行分析，从中提取出参考信号特定倍频下的测量值，而将不相关的噪声信号有效地去除，从而大大提高了测量的精度。锁相放大器的工作原理如图 4.10 所示。假定被测信号为

$$V_s(t) = V_{sig}(t) + V_n(t) = V_{sig}\sin(\omega_r t + \theta_{sig}) + V_n(t) \tag{4-31}$$

式中，$V_{sig}(t)$ 为待测信号中的有效信号；$V_n(t)$ 为噪声。锁相放大器工作时，将其自身输出的参考信号 $V_L(t) = V_L\sin(\omega_L t + \theta_{ref})$ 与被测信号同时输入相敏检测器中。相敏检测器由混合器和积分器组成。经混合器后所得到的输出信号为

$$V_i(t) = V_L(t) \times V_s(t) \tag{4-32}$$

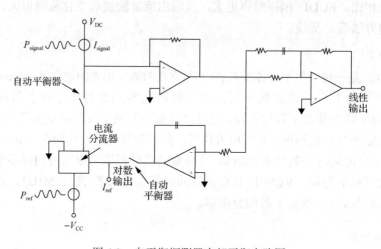

图 4.9 自平衡探测器内部平衡电路图

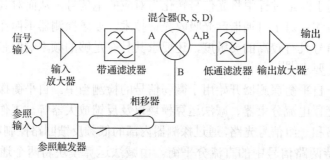

图 4.10 锁相放大器工作原理

经过积分器后，其输出信号 V_0 为

$$\begin{aligned}
V_0 &= \lim_{T \to \infty} \frac{1}{2T} \int_{-T}^{T} \left[V_{sig}(t) + V_n(t) \right] \times V_L(t)\mathrm{d}t \\
&= \lim_{T \to \infty} \frac{1}{2T} \left[\int_{-T}^{T} V_{sig}(t) \times V_L(t)\mathrm{d}t + \int_{-T}^{T} V_n(t) \times V_L(t)\mathrm{d}t \right] \\
&= R_{sL}(\tau) + R_{nL}(\tau)
\end{aligned} \tag{4-33}$$

式中，$R_{sL}(\tau)$、$R_{nL}(\tau)$ 分别为被测有效信号与参考信号及参考信号与噪声之间的相关函数。由于噪声的频率和相位都是随机量，所以参考信号与噪声之间是不相关的，其相关函数 $R_{nL}(\tau)$ 经过积分后，其值接近于零，从而使噪声信号得到抑制，提高了测量的信噪比。对于 $R_{sL}(\tau)$ 项：

$$
\begin{aligned}
R_{sL}(\tau) &= \lim_{T \to \infty} \frac{1}{2T} \int_{-T}^{T} V_{\text{sig}}(t) \times V_L(t) \mathrm{d}t \\
&= \lim_{T \to \infty} \frac{1}{2T} \int_{-T}^{T} \left\{ \frac{1}{2} V_{\text{sig}} V_L \cos\left[(\omega_r - \omega_L)t + (\theta_{\text{sig}} - \theta_{\text{ref}}) \right] \right. \\
&\quad \left. - \frac{1}{2} V_{\text{sig}} V_L \cos\left[(\omega_s + \omega_r)t + (\theta_{\text{sig}} + \theta_{\text{ref}}) \right] \right\} \mathrm{d}t
\end{aligned}
\tag{4-34}
$$

由相敏检测器输出的信号输入至低通滤波器内，信号中的交流部分被去除。当参考信号频率与被测信号频率相同时，即当 $\omega_s = \omega_r$ 时，相敏检测器输出的结果可以表示为

$$
V_0 = \frac{1}{2} V_{\text{sig}} V_L \cos\left(\theta_{\text{sig}} - \theta_{\text{ref}} \right)
\tag{4-35}
$$

可见，当待测信号与参考信号同频率时，相敏检测器输出的信号与待测有效信号的幅度 $V_{\text{sig}}(t)$ 成正比。所得到的信号经过适当的放大后，作为锁相放大器的最终处理结果提供给用户进行分析和计算。

4.2　光纤光栅概论

4.2.1　光纤光栅的发展

光纤光栅最早发现于 1978 年，加拿大光通信研究中心的 Hill 和他的同事在研究光纤的非线性效应实验中，将氩离子激光器输出的 488nm 强光精合进特殊设计的光纤纤芯时，偶然发现了光纤存在光敏性。在持续的曝光下，Hill 等发现光纤的损耗逐渐增大，而从光纤中反射回来的光强却随着曝光时间的增加而增强，同时在光纤的传输光谱上出现了窄带滤波器的特征。Hill 等认为，这种现象是由于被耦合进纤芯的 488 nm 激光与该光纤端面的菲涅尔反射光产生了干涉，在光纤轴向上形成了驻波。由于光敏性的存在，驻波在轴向上的周期性强度分布造成光纤纤芯出现了周期性的折射率变化，这一折射率周期性改变的结构即折射率光栅，具有滤波器的特征。由于这一光纤光栅结构是 Hill 等发明的，最初它被命名为 Hill 光栅，后来为了尊重 William Henry Bragg 在晶体光栅上的成就，Hill 和他的同事将他们的发明命名为光纤布拉格光栅 (fiber Bragg grating，FBG)。

　　光纤存在光敏性是光纤技术领域的一项重要科学发现,可以说它揭开了光纤光敏性和光纤光栅技术研究的序幕。但一开始,Hill 等发明的这种 FBG,其布拉格波长被限制在氩离子激光器的工作波长上,并且其折射率调制非常弱,所形成的光栅很弱,反射率偏低,滤波性能较差。这些缺点使得上述驻波法写入的 FBG 在光纤通信的波段内没有实用性,并且驻波法写入技术存在的困难也严重地制约 FBG 的发展。因此,在第一支 FBG 被发现后的最初 10 年中,虽然有若干科研小组对 FBG 的制作技术、实际应用,以及成栅机制等方面进行了研究,但此期间 FBG 一直没有引起人们足够的重视。

　　1989 年,美国联合技术研究中心的 Meltz 等发现掺锗光纤在 244nm 紫外光的照射下,因该波长接近光纤中锗缺陷的吸收峰而存在单光子吸收现象,从而引起光纤芯层折射率的明显改变。他们提出了利用两束相干紫外光形成的干涉条纹从侧面写入 FBG 的横向全息成栅技术,刻写出了一支布拉格波长位于可见光波段的 FBG。相对于 Hill 等提出的驻波内部写入法,Meltz 等的方法可称为外部写入法。这种横向全息外部写入法是一个很大的技术进步,可以通过改变两束相干光之间的夹角在任何感兴趣的波段写入 FBG,使 FBG 更具实用价值。此后,光纤光敏性和光纤光栅的研究才真正引起科研人员的广泛兴趣。1990 年,Kashyap 等制作出一支布拉格波长为 1500nm 的 FBG,这一工作对 FBG 在低损耗波段光纤通信中的应用具有十分重要的意义。

　　Meltz 等提出的这种外部写入法具有非常好的灵活性,但这种写入方法对周围环境的稳定性和激光光源的稳定性以及相干性要求很严格,一定程度上限制了该方法的推广和 FBG 的批量生产。1993 年,Hill 等和美国贝尔实验室的 Anderson 等分别提出利用相位掩模法制作 FBG。这种方法的最大优点是 FBG 的周期仅取决于相位掩模板的周期,与激光光源的波长无关,而且对激光光源的相干性要求大大降低,制作过程大大简化,使得半导体生产行业中常用的准分子激光器等低相干光源可以用来写入光纤光栅,从而使得 FBG 的批量生产成为可能,提高了 FBG 制作的稳定性、重复性和可靠性。相位掩模法是 FBG 制作技术上又一个里程碑式的重大突破,是目前最成熟最稳定的 FBG 写入方法,极大地推动了光纤光栅相关理论研究及其在光纤通信和光纤传感中的应用研究。此后,FBG 领域开始了一系列商业化发展,即使在 2001 年前后的电信泡沫中,依然没有停下发展脚步。图 4.11 给出了 FBG 发展历程中的重要里程碑事件,可以看出 FBG 器件已经真正进入了多样化、实用化和产品化时代。

图 4.11　FBG 发展历程中的重要里程碑事件

长周期光纤光栅(long-period grating，LPG)的出现比 FBG 晚，相比 FBG 的 μm 量级周期，LPG 的周期通常在几十到几百 μm，能够实现同向模式间的耦合。1986 年，美国斯坦福大学的 Blake 等研究了利用光纤周期性微弯实现的光纤模式耦合器。1990 年，Hill 等报道了光纤中正向模式间耦合的相关实验，实现了光纤中的模式转换。然而通常意义上的纤芯基模到同向传输的包层模式之间耦合的 LPG 的实现，是 1996 年美国贝尔实验室的 Vengsarkar 等通过振幅掩模板用紫外激光对载氢掺锗石英光纤曝光首先制作出来的，这标志着 LPG 的诞生。同年，Bhatia 和 Vengsarkar 详细讨论了 LPG 的各种特性，首次提出了制作于标准通信光纤上的 LPG 在温度、应变和折射率传感等方面的应用。Vengsarkar 等还研究了 LPG 在光纤通信中作为光纤放大器的增益均衡器的应用。1997 年，美国罗切斯特大学的 Erdogan 发表了两篇从模式耦合角度深入研究 LPG 光谱特性的论文，奠定了 LPG 的分析理论基础，从而促进了 LPG 的进一步研究。

4.2.2　光纤光栅的应用

为了使光栅能够适应多种不同场合的需求，研究人员在 FBG 和 LPG 的基础上，先后研制出多种特殊功能的光栅，如啁啾光纤光栅、倾斜光纤光栅、切趾光纤光栅、相移光纤光栅、取样光纤光栅和超结构光纤光栅等，所有这些光纤光栅器件已经成为光纤传感系统和光纤通信系统中必不可少的重要器件。正如第一支光纤光栅的发明者 Hill 所说："光纤光栅最终在光路中将会很常见，就像电路中的晶体管一样。"

总的来说，光纤光栅作为有/无源器件、通信器件和传感器件等各类器件，展示出了引人注目的应用前景。结合本书的研究内容，下面首先简要介绍光纤光栅在通信领域中的应用，然后重点介绍光纤光栅在光纤传感领域中的应用，以及它们的市场前景、分类与研究热点。

1. 光纤光栅在通信中的应用

在光纤通信领域中，光纤光栅由于具有波长选择性和滤波特性而被广泛应用于滤波器、模式选择器、光开关、增益均衡器、色散补偿器、波分复用器以及光纤激光器等模块中。表 4.1 中列出了光纤光栅在光纤通信系统中的多种应用及其主要指标，可以看出光纤光栅已经深入到光纤通信技术领域中的方方面面。

表 4.1　光纤光栅在光纤通信系统中的主要应用

序号	应用	类型	参数
1	激光波长稳定器(980nm,1480nm)	窄带反射器	带宽=0.2～3nm 反射率=1%～10%
2	光纤激光器	窄带反射器	带宽=0.1～1nm 反射率=1%～100%
3	光纤放大器的泵浦反射器(1480nm)	高反射率反射器	带宽=2～25nm 反射率=100%
4	拉曼光放大器 (1300nm,1550nm)	一组高反射率反射器对	带宽=1nm 反射率=100%
5	相对共轭器的泵浦反射器和 λ 变换器的隔离光纤	高反射率反射器	带宽=1nm 反射率=100%
6	无源光网络的温度传感器	高反射率的窄带	带宽=0.1nm 反射率>90%
7	双向波分复用传输的隔离滤波器(1550nm)	匹配波分复用的光栅组	带宽=0.2～1nm 反射率=100%
8	密集波分复用器(1550nm)	多重高隔离反射器	带宽=0.2～1nm 隔离度>30dB
9	波分复用的加/降滤波器(1550nm)	高隔离反射器	带宽=0.1～1nm 隔离度>50dB
10	长距离传输的色散补偿(1550nm)	色散光栅	带宽=0.1～10nm 传输距离=1600ps/nm
11	光放大器增益均衡器(1530～1569nm)	长周期光栅	带宽=30nm 损失度=0～10dB

注: BW-Bandwidth, R-Reflectivity。

2. 光纤光栅在传感技术中的应用

随着 20 世纪六七十年代光纤通信技术的蓬勃发展，光纤传感技术在光纤通信技术的基础上应运而生，因此，光纤传感技术可以直接吸收和应用光纤通信的器件和理论，这在一定程度上使得实际应用中光纤传感技术可以分享到廉价且充足的光纤通信器件。与基于电子学的传感技术相比，光纤传感技术拥有众多无可比拟的优点，例如，抗腐烛能力强，不受电磁干扰，信号传输距离长，具有多点复用和分布式传感的能力，十分适用于复杂恶劣的工业现场，因此，相信在将来的传感产业中，先进的光纤传感技术将凭借其自身独特的优点占据一席之地。

4.3　气体检测的基本方法

气体检测方法有电化学方法、光学方法、电气方法、气相色谱法等许多种。电气方法是利用气敏器件检测气体，主要用半导体气敏器件，它适合于自动、连续过程检测，目前应用广泛。电化学法是利用电化学方法，使用电极与电解液对气体进行检测。光学方法是利用气体的光折射率或光吸收等特性检测气体。下面论述几种重要方法的特点。

4.3.1　化学气敏传感器

化学气敏传感器感应混合气体中的特定成分，并产生一定的物理化学效应。通过信号检测和处理装置得到相应的电信号，再送入记录、监视报警和控制部分，最后通过采用以微处理机为主的电子线路使传感系统功能化、智能化。表 4.2 是部分主要化学气体传感器。

表 4.2　主要化学气体传感器

名称	代表性传感器	被检测的气体
半导体传感器	SnO_2 ZnO_2 TiO_2	H_2、O_2、CO_2、CO、NO_x 等 H_2、O_2、CO_2、HC 等 O_2、HC 等
FET 传感器	以 Pd、Pt 或 SnO_2 为栅极的金属绝缘半导体场效应管高分子感湿膜	H_2、CO、H_2S、NH_3、H_2O
固体电解质传感器	$CaO\text{-}ZrO_2$	H_2、O_2、CO_2、CO

化学气体传感器的灵敏度在不同的传感材料之间存在分配不均的问题。有的气敏元件灵敏度高，例如，ZrO_2 氧气传感器是基于氧化锆基团电解质组成的浓度电池原理工作的，灵敏度很高，在 1000℃时的检测下限可达到 $10\sim13Pa$(氧分压)。有的气敏元件灵敏度低，有效可检测浓度在 1%以上。化学气敏传感器还存在交叉敏感问题，对气体的选择性差。在许多情况下，化学气敏传感器的输出电压(或电流)与气体浓度不成正比，表现出复杂的非线性关系。此外，化学传感器还有稳定性问题，通常化学气敏传感器存在温度适应性问题，即气敏元件存在最佳工作温度点，并且这个温度并不一定适应环境所提供的条件。

4.3.2　气相色谱分析方法

　　该方法是气体分析比较普遍的一种方法，是一种物理分离分析技术。把用吸附剂使物质组分按吸附能力的强弱层析在吸附剂(色谱柱)上的过程都称为色谱法。将填入玻璃管内静止不动的一相(固体或液体)称为固定相，自上而下运动的一相(一般是气体或液体)称为流动相，装有固定相的管子称为色谱柱(玻璃或不锈钢)。多组分物质的层析过程是在流动相(多组分物质的载体)和固定相的相对循环过程中完成的，当流动相为气体时，称为气相色谱法。流动相不仅是样气的载体，同时也是一种吸附剂，即样气中的各组分被固定相吸附后，流动相在相对固定相做相对运动过程中，各组分将按吸附能力的强弱被先后解析出来，然后根据不同分子在运动过程中所吸收的热量不同进行测量。气相色谱仪用于分离分析气体的基本过程如图 4.12 所示，流动相载气(通常用 N_2、H_2 或 He)经管路Ⅰ将样气带入色谱柱，经色谱柱后进入热传导池，并从出口Ⅰ流出，载气同时入热导池从出口Ⅱ流出，热导池有一加热体将两个热敏电阻密闭分开，通过桥式检测电路的输出可得到气体组分的浓度。

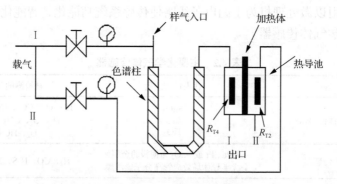

图 4.12　气相色谱过程示意图

　　虽然气相色谱法可检测的灵敏度比较高，但是气相色谱仍然有以下缺点。

　　(1)气相色谱需要取样过程，这个过程可能使气体浓度发生变化，从采样到分析结果出来，要经历一定的时间间隔，因为色谱分析的仪器往往和现场相隔较远，人员的往来、设备的操作要按照严格的规范程序进行，这些都会给浓度的检测带来不便。

　　(2)这一方法不能在线检测气体的浓度，从取样到分析结果出来通常不是在同一天完成，有时甚至需几天时间来完成。在此期间，很多因素会给检测带来误差，这样重大事故就不能及时发现。

4.3.3　光谱吸收法

光谱吸收法是通过检测气体透射光强或反射光强的变化来检测气体浓度的方法。每种气体分子都有自己的吸收(或辐射)谱特征，光源的发射谱只有在与气体吸收谱重叠的部分才产生吸收，吸收后的光强将发生变化。从谱范围上可划分为红外光谱吸收法(infrared absorption)和紫外光谱吸收法(ultraviolet absorption)。

4.3.4　荧光法

一些气体的浓度可通过测量与其相应的荧光辐射来确定，荧光可以由被测物质本身产生，也可由与其相互作用的荧光染料产生，荧光物质吸收特定波长(λ_{ex})的光照射，电子受激，从低能态转移到高能态；受激电子释放能量，产生荧光，荧光波长(λ_{fl})大于激励波长，如图 4.13 所示。其波长差($\lambda_{fl} - \lambda_{ex}$)称为 Stokes 位移，通常电子在受激态停留时间很短，典型寿命为 1～20ns。

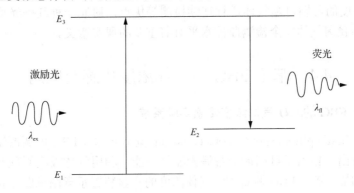

图 4.13　荧光产生机理

被测量的浓度既可改变荧光辐射的强度，也可改变其寿命。因此相应的传感机理也就可以分为两种：一种是测量荧光辐射的强度，另一种是测量荧光辐射的寿命。

与吸收型气体传感器相比，荧光型传感器所用波长(荧光波长)不同于激励光波长。由于不同的荧光材料通常具有不同的荧光辐射波长，所以荧光传感器对被测量的鉴别性较好。实际上，人们希望辐射波长和激励波长离得越远越好，这样在输出端可用廉价的波长滤波器将激励光和传感光分开。通常希望激励波长在可见光或近红外区，这一波段上光源技术成熟、价格也低。

4.3.5　气体传感器性能比较

经过几十年不断地研究，载体催化元件逐步成熟并占据了矿井瓦斯和多种可燃可爆气体检测领域的首位。当前国内生产的瓦斯测量仪、报警仪、断电仪和遥测仪有近 20 种, 混合可燃气体测量仪, 高能燃料报警器和家庭煤气报警器等至少有 4 个品种的产品, 然而现场并不满足目前元件的性能指标, 迫切需要提供更好的元件, 其中特别要求进一步提高元件的长期稳定性和延长使用寿命。另一个发展方向是研究抗毒能力强的元件。

20 世纪 80 年代初, 美国、英国、俄罗斯、波兰等国先后完成了从传统的光干涉型气体传感器向热催化式气体传感器的过渡, 然后经过多年的改进和完善, 热催化传感器的精度、稳定性和寿命都有很大提高, 但由于传感器的敏感元件的检测原理和元件的结构等多种原因, 传感器依然存在测量范围相对较小、加热元件易中毒、寿命一般不超过两年等特点。

基于物质对红外辐射选择性吸收的原理, 目前国内外用于精确测定和标定气体浓度的分析仪基本上采用红外技术, 随着气体红外光谱技术在各行各业日益广泛的应用, 用于矿井下的红外光谱气体分析仪已在美国、法国等国研制成功。

鉴于红外光谱气体分析仪具有选择性高、寿命长、不受环境气体影响、能对 0～100% 浓度的可燃可爆气体进行连续检测等优点, 研制一种红外光谱气体分析仪对于提高我国气体安全检测监控水平有着重要的现实意义。

4.4　基于 FBG 的气体浓度传感及应用

4.4.1　基于 FBG 的 CO 气体浓度传感实验系统

利用 ASE(amplified spontaneous emission)宽谱光源和 FBG 可调谐滤波特性实现窄带光输出, 相当于可调谐窄带激光器的功能, 利用气体吸收原理实现对气体吸收线的扫描。基于 FBG 测量 CO 气体浓度的实验装置示意图见图 4.14。从 ASE 宽谱光源发出的光经过环行器(circulator)后到达 FBG, 经 FBG 反射回来的光由环行器送至耦合器(coupler), 均分为两路, 一路光用光电二极管(PIN)直接接收, 作为入射光参考, 另一路光用准直器准直后送入气体吸收池进行气体吸收, 用光电探测器(photodetector)进行接收并利用锁相放大器(phase lock amplifier)进行放大, 作为出射光参考, 最后两路数据利用数据采集卡进行采集, 并送入计算机进行数据处理和显示。根据可调谐的入射光和出射光能量之比确定气体吸收峰。

ASE 宽谱光源为 C 波段光(1525～1565nm), FBG 的中心波长设计为 1564.5nm, 因为 CO 在吸收峰波长为 1564.6nm 左右的吸收光谱处对入射光的衰减最大。为了实现可调谐光源, 把 FBG 粘贴在悬臂梁表面, 通过应力作用使光栅中心波长漂移, 从而实现调谐。气体吸收池与锁相放大器见图 4.15, 气体吸收池的吸收光程为 10m, 窗口材料为氯化钾, 容量为 2.3L。

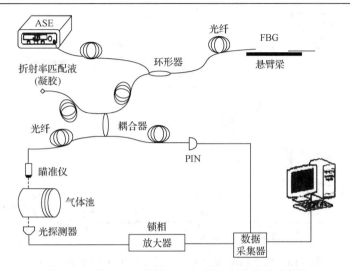

图 4.14　基于 FBG 测量 CO 气体浓度的装置示意图

图 4.15　气体吸收池与锁相放大器

4.4.2　基于 FBG 的 C_2H_2 气体浓度传感

本实验系统与上面测量 CO 气体浓度的实验系统略有不同。采用能量计替代光电接收管,直接探测入射光和出射光能量。因此不需要光纤耦合器、锁相放大器,系统大大简化。

利用 ASE 宽谱光源和 FBG 可调谐滤波特性测量 C_2H_2 气体浓度的实验装置示意图见图 4.16。

从 ASE 宽谱光源发出的光经过环行器后到达 FBG,经 FBG 反射回来的光由环行器送至准直器进行准直,送入气体吸收池进行气体吸收,采用多模光纤 (multimode optical fiber,MMF) 接收出射光并把光导入光能量计 (power meter)。根据可调谐的入射光和出射光能量之比确定气体吸收光谱。

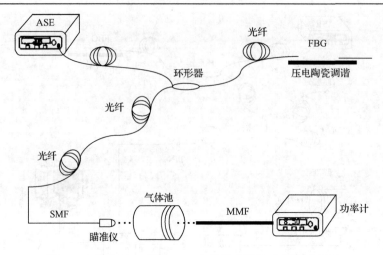

图 4.16　基于 FBG 测量 C_2H_2 气体浓度的实验装置示意图

　　FBG 的中心波长设计为 1530.9nm，因为 C_2H_2 气体在吸收峰为 1531.5nm 左右的吸收光谱处对入射光的衰减最大。为了实现可调谐光源，把 FBG 粘贴在压电陶瓷(piezoelectric ceramics，PZT) 表面，通过对 PZT 施加电压作用使光栅中心波长漂移，从而实现调谐。

　　气体吸收池采用有机玻璃管，窗口为平面透射镜，吸收光程为 0.4m，容积为 0.196L。

第5章 结渣及积灰过程的在线测量

5.1 传统的炉内沾污、结渣、积灰的实验研究方法

5.1.1 结渣、沾污对炉内传热和运行影响的各种参数

要了解某种燃料在炉内的沾污、结渣和腐蚀的情况是相当困难的，因为它和燃料特性、炉内结构、燃烧过程及空气动力的组织情况、运行水平均有密切的关系。特别是高温腐蚀，是日积月累的缓慢过程，更难研究，高温腐蚀的前奏往往是沾污、结渣(但沾污、结渣不一定产生高温腐蚀)。因此，较为简便的方法是：对所采用的燃烧工况进行实验，以判断炉内沾污状况，并结合专门的腐蚀测定，对炉内沾污腐蚀作出预报。由于炉内的沾污、结渣对锅炉水冷壁的传热影响较大，所以大多数工业实验都是从炉内传热的变化来判断沾污情况的。炉内沾污、结渣严重时，水冷壁的吸热量将减少，使得离开炉膛的烟气温度有所增加，可见，炉膛出口烟温是一个监测的指标。根据炉内计算标准方法，炉膛出口烟温 T_i'' 有

$$\frac{T_i''}{T_a} = \frac{1}{1 + \dfrac{Ma_l^{0.6}}{B_0^{0.6}}}$$

或

$$T_i'' = \frac{T_a}{M\left(\dfrac{3.6\sigma_0\psi F_l a_l T_a^3}{\varphi B_j \mathrm{VC}_{pj}}\right)^{0.6} + 1} \tag{5-1}$$

式中，$B_0 = \dfrac{\varphi B_j \mathrm{VC}_{pj}}{3.6\sigma_0\psi F_l T_a^3}$；$T_a$ 为绝热燃烧温度，℃；σ_0 为绝对黑体的辐射常数，其值为 $5.67\times10^{-8}\,\mathrm{W}/(\mathrm{m}^2\cdot\mathrm{K}^4)$；$B_j$ 为计算燃料消耗量，kg/h；VC_{pj} 为 1kg 燃料的燃烧产物的平均热容量，kJ/(kg·K)；φ 为保热系数；F_l 为炉壁面积，m^2；a_l 为炉膛黑度，对室燃炉，有

$$a_l = \frac{a_{hy}}{a_{hy} + (1 - a_{hy})\psi} \tag{5-2}$$

式中，a_{hy} 为火焰黑度；ψ 为水冷壁的平均热有效系数。

$$\psi = x\zeta = \frac{q_{xl}}{q_{t_0}} \tag{5-3}$$

式中，x 为水冷壁的角系数；ζ 为水冷壁的灰污系数；q_{xl} 为单位面积炉壁上的水冷壁吸热量，$\mathrm{W/m^2}$；q_{t_0} 为火炬向炉壁的投射热流，$\mathrm{W/m^2}$；M 为考虑火焰中心对炉内传热影响的系数，例如，对无烟煤、贫煤、多灰烟煤，有

$$M = 0.56 - 0.5x_m \tag{5-4}$$

式中，x_m 为火焰中心的相对位置。

当炉膛沾污、结渣时，对炉膛出口烟温的影响主要是通过火焰中心的相对位置 x_m（影响 M 值），通过炉内沾污系数 ζ 的变化，炉内沾污严重时，由于灰污壁温的提高使反向辐射增大，所以降低了水冷壁的平均热有效系数 ψ，沾污系数相应地减小，火焰中心上移，使 M 值降低，由于 ψ 值的降低使炉膛黑度 a_l 略有提高，但一般火焰黑度 a_{hy} 较高，a_l 的变化不大，这样炉膛沾污、结渣的后果是出口烟温提高，目前工业性试验往往用测定上述参数的变化来衡量炉内沾污过程。

为了便于整理数据，将这些参数推导如下。

1. 单位水冷壁的吸热量 q_{xl}

由式(5-1)得

$$\frac{T_i''}{T_a} = \frac{1}{M\left[\dfrac{3.6\sigma_0\psi F_l a_l T_a^3(T_a - T_i'')}{\varphi B_j \mathrm{VC}_{pj}(T_a - T_i'')}\right]^{0.6} + 1}$$

及定义

$$q_{xl} = \varphi B_j \mathrm{VC}_{pj}(T_a - T_i'') / F_l \tag{5-5}$$

式(5-5)代入式(5-1)展开得

$$\frac{T_a}{T_i''} - 1 = M\left[\frac{3.6\sigma_0\psi a_l T_a^3(T_a - T_i'')}{q_{xl}}\right]^{3/5}$$

$$q_{xl} = \frac{3.6\sigma_0\psi a_l M^{5/3} T_a^3 T_i''}{\left(\dfrac{T_a}{T_i''} - 1\right)^{2/3}} \; (\mathrm{W/m^2}) \tag{5-6}$$

2. 火炬平均投射热流 q_{t_0}

将热有效系数 $\psi = q_{xl}/q_{t_0}$ 代入式(5-6)可得

$$q_{t_0} = \frac{3.6\sigma_0 a_l M^{5/3} T_a^3 T_i''}{\left(\dfrac{T_a}{T_i''} - 1\right)^{2/3}} \ (\text{W/m}^2)$$
(5-7)

3. 火炬平均温度 $\overline{T_h}$

从定义式

$$q_{t_0} = 3.6\sigma_0 a_l \overline{T_h^4} \ (\text{W/m}^2)$$
(5-8)

代入式(5-7)可得

$$\overline{T_h^4} = \frac{M^{5/3} T_a^3 T_i''}{\left(\dfrac{T_a}{T_i''} - 1\right)^{2/3}} \ (\text{K})$$
(5-9)

4. 炉内灰污系数 ζ

由式(5-1)得

$$\zeta = \frac{\psi}{x} = \frac{q_{xl}}{q_{t_0} x} = \frac{\varphi B_j \text{VC}_{pj}(T_a - T_i'')^{5/3}}{3.6\sigma_0 a_l M^{5/3} T_a^3 (T_i'')^{5/3} F_l x}$$
(5-10)

根据式(5-2)，a_l 与 ψ 有关，故式(5-10)为一个隐函数形式。

5. 沾污水冷壁管的平均温度 $\overline{T_{hb}}$

由于炉内火炬和水冷壁的辐射换热方程式为

$$q_{xl} = \sigma_0 a_l (\overline{T_h^4} - \overline{T_{hb}^4}) \ (\text{W/m}^2)$$
(5-11)

$$\overline{T_{hb}} = \overline{T_h} - \sqrt[4]{\frac{q_{xl}}{\sigma_0 a_l}} = \overline{T_h} - \sqrt[4]{\frac{3.6 M^{5/3} T_a^3 T_i'' \psi}{\left(\dfrac{T_a}{T_i''} - 1\right)^{2/3}}} \ (\text{K})$$
(5-12)

应当指出，这里的平均沾污壁温不但是沿炉膛高度的平均值，而且是沿水冷壁圆周的平均值，因为在水冷壁圆周各点上受火炬的辐射及本身向炉膛、邻近水冷壁及砖墙的反辐射均不相同，在图 5.1 中列出了计算结果，可以明显地看出，正对火炬的壁面($\theta = 0°$)，沾污壁温最高，在$\theta > 120°$后沾污壁温降低至最低值，相差达几百摄氏度。因此，正对火炬的壁温值易出现结渣。由式(5-12)所得的沾污壁温值只是一个平均值，用它衡量炉内沾污的严重程度。

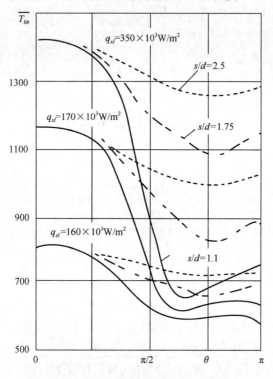

图 5.1　污染管圆周的温度分布曲线

6. 沾污层热阻 ε 及灰污层平均厚度 δ_h

通过沾污灰层，钢管厚度直至饱和水的传热方程式为

$$q_{xl} = \frac{\overline{T_{hb}} - T_w}{\dfrac{\delta_h}{\lambda_h} + \dfrac{\delta}{\lambda} + \dfrac{1}{\alpha_2}} \tag{5-13}$$

式中，δ_h、δ 为灰污层和管壁的厚度，m；λ_h、λ 为灰污层和管壁的导热系数；α_2 为管壁对水的对流放热系数；T_w 为管内饱和水温度。

对水冷壁 $\dfrac{1}{\alpha_2}$ 及 $\dfrac{\delta}{\lambda}$ 很小，可以忽略不计，而

$$\frac{\delta_h}{\lambda_h} = \varepsilon \qquad (5\text{-}14)$$

将式(5-14)代入式(5-13)可得灰污层热阻近似为

$$\varepsilon = \frac{\overline{T_{hb} - T_w}}{q_{xl}} \ (\mathrm{m^2 \cdot K / W}) \qquad (5\text{-}15)$$

如果知道灰污层的导热系数，即可决定炉内灰污层的平均厚度 δ_h：

$$\delta_h = \frac{\lambda_h(\overline{T_{hb} - T_w})}{q_{xl}} \ (\mathrm{m}) \qquad (5\text{-}16)$$

δ_h 与燃料种类、燃烧工况、灰污层结构有关，变化范围较广，最好通过实验确定，在图 5-2 中列出了国外数据供参考。当灰污层较厚、灰粒较粗时，图 5-2 的数值偏低，可近似采用 $\lambda_h = 0.06 \sim 0.093 \mathrm{W/(m \cdot K)}$。衡量沾污、结渣的几个参数，其物理意义是很明确的，上述所列出的计算公式主要是通过工业性实验来总结的，因此所得到的都是炉内总平均值，只能得出相对比较的概念。

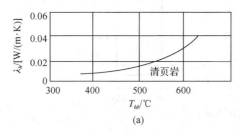
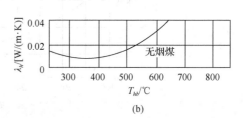

图 5.2　灰污层导热系数

5.1.2　结渣、沾污对炉内传热和运行影响的工业试验方法

进行炉内工业性试验是比较困难的，因此本书力图用最小的测试项目总结出炉内粘污、结渣的影响，下面介绍几种试验总结方法参考。

1. 测量炉膛出口烟温的近似总结法

根据式(5-5)～式(5-16)，除了要知道炉子结构、燃料特性、投煤量，还要能准确地测出炉膛出口烟温 T_i''，并假定火焰中心位置不随沾污、结渣过程而改变，即 M 值可用式(5-4)计算。这样，当实验得出 T_i'' 随运行时间、锅炉负荷、煤粉细

度、炉膛热负荷、过量空气系数、吹灰的周期等参数的规律变化时，可由式(5-5)～式(5-16)计算出水冷壁吸热量、火炬投射热流、炉内灰污系数、沾污炉壁温度及热阻、积灰平均厚度等随这些参数的变化规律，作为例子在图 5.3 和图 5.4 作出按上述方式总结的实验结果。

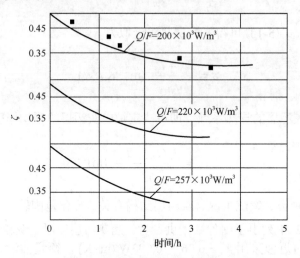

图 5.3　灰污系数随时间的变化

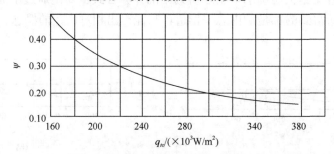

图 5.4　水冷壁热有效系数 ψ 与投射热流 q_{to} 的关系

应用本方法的关键是测准炉膛出口烟温，由于炉膛出口处烟气温度场、速度场都很不均匀，所以要用热焓平均法求取平均烟温，即

$$\overline{T_i''} = \frac{\displaystyle\sum_{i=1}^{n} c_{pi} t_i w_i \Delta l_i \frac{273}{t_i + 273}}{\displaystyle\sum_{i=1}^{n} c_{pi} w_i \Delta l_i \frac{273}{t_i + 273}} \tag{5-17}$$

式中，c_{pi}、t_i、w_i 为测量点处的烟气比热容、温度和速度；Δl_i 为每两测量点间距离；n 为在横截面上总共测量的点数。

　　可见，为了求出平均出口烟温，需要测量出炉膛出口处的温度场及速度场，只有当速度场不均匀性小于 5%时，单用温度场平均才不至于带来较大的误差。

　　为了决定 $\overline{T_i''}$，目前工业试验常用的方法如下。

　　(1)用光学高温计测量，其缺点是准确度较差，受主观因素影响较大。

　　(2)用抽气热电偶测温度场，准确度高。对劣质燃料，抽气热电偶易堵塞。目前，所能制造的抽气热电偶长度(一般均小于 6cm)还不足以测量大型炉膛出口的整个温度场。

　　(3)用三热电偶法决定温度场及近似决定烟气速度场分布。

　　(4)用较细裸露的铂铑——铂热电偶测量，以抽气热电偶数据修正辐射损失。

　　(5)测量过热器烟气温度场，然后加上过热器的吸热量计算出炉膛出口烟温反推法，其计算公式为

$$\overline{T_i''} = H_i'' \Big/ \Big[v_{RO_2} c_{RO_2} + v_{N_2}^0 c_{N_2} + v_{H_2O} c_{H_2O} + (\alpha_l - 1)V^0 c_k \Big] \tag{5-18}$$

式中，炉膛出口烟气焓

$$H_l'' = H_{gr}'' - \Delta\alpha_{gr} H_{lk}'' + \frac{D(h_{gq}'' - h_{gq}')}{\varphi B_j}$$

式中，v_{RO_2}、$v_{N_2}^0$、v_{H_2O} 为每千克燃料烟气各组分的容积；V^0 为每千克燃料的理论空气量；H_l'' 为炉膛出口烟气焓；c_{RO_2}、c_{N_2}、c_{H_2O}、c_k 分别为 RO_2、N_2、H_2O 及空气在 $\overline{T_i''}$ 下的定压比热容；α_l 为炉膛出口过量空气系数；$\Delta\alpha_{gr}$ 为过热器漏风系数；H_{gr}'' 为根据过热器后平均烟温而算出的过热器出口烟气焓；H_{lk}'' 为理论空气量的焓；h_{gq}''、h_{gq}' 为过热器出口、进口蒸汽焓；D 为锅炉蒸发量；B_j 为计算燃煤量。

　　当过热器中有减温器、顶棚管等时，过热器吸热量可按锅炉计算标准方法进行，由于烟气流经过热器后，速度场变得均匀，可不必进行速度修正，同时经过过热器后烟温较低，温度场较易测量，一般用 $\phi = 1 \sim 1.2$ mm 裸露镍铬-镍硅热电偶，每隔 $1\sim2$m 布一点(布成矩阵式)测出烟气平均温度，布置 $16\sim48$ 对热电偶，然后选择一、二点，用抽气热电偶进行对比，以确定每点的辐射损失修正值。

　　(6)水温反推法测炉膛出口平均烟值，其实质是测量高温省煤器出口水温和炉膛蒸发吸热量及有关的受热面工质边吸热量来反推平均烟温。对于沸腾式省煤器，因为进入炉膛前水的沸腾度较难测量，此时也可测出省煤器出口烟温来确定省煤器的吸热量，并计算出省煤器的沸腾度。根据锅炉热量平衡，经过不复杂的推算可得炉膛出口的平均烟气焓值 H_l'' 为

$$H_l'' = Q_{DW}^v \left(\frac{100 - q_3}{100} \right) + \beta H_{rk}^0 + (\Delta \alpha_l + \Delta \alpha_{zf}) H_{lk}^0$$

$$- \frac{(1-a)(D - G_1 - G_2)(h_{bq} - h_{sm}'')}{\varphi \left[1 - \left(\frac{F_{dp}^f}{F_l^f} y_1 + \frac{F_{cy}^f}{F_l^f} y_2 \right) \right] B_j} \tag{5-19}$$

式中，$a = \dfrac{Q_{pc} + Q_{xd}}{(D - G_1 - G_2)(h_{bq} - h_{sm}'')/B_j}$；$G_1$、$G_2$ 为 Ⅰ、Ⅱ 级减温水量；h_{bq}、h_{sm}''

为汽包压力下饱和蒸汽焓和高温省煤器出口水焓；Q_{DW}^v 为燃料应用基低位发热

量；β 为空气预热器出口空气量和理论空气量之比；H_{rk}^0、H_{lk}^0 为热空气和冷空

气的焓；$\Delta \alpha_l$、$\Delta \alpha_{zf}$ 为炉膛和制粉系统的漏风系数；Q_{pc} 为屏侧水冷壁的吸热

量；Q_{xd} 为后墙水冷壁上联箱悬吊管的吸热量；φ 为保温系数，$\varphi = \dfrac{\eta_{gl}}{\eta_{gl} + q_3}$；$\eta_{gl}$ 为

锅炉效率；F_l^f、F_{dp}^f、F_{cy}^f 为炉膛、炉膛顶棚过热器、炉膛出口烟窗的辐射受热

面积；y_1、y_2 为炉膛顶棚过热器和炉膛出口烟窗的辐射吸热不均匀系数。

采用水温反推法的主要优点是可以完全避免测量烟温，因而使实验工作大为简化，这点对烟道和炉膛尺寸较大的大型锅炉机组十分重要，但其误差要比烟温反推法大，如果能仔细测量实验，用水温反推法决定炉膛出口平均烟温，其相对误差可控制在 4% 以内，这里要特别注意提高制粉系统漏风率及热风温度的测量精度。应用水温反推法的原理同样也可决定各级经过过热器后的烟温，无论是用烟温反推法还是水温反推法，只能求出平均烟温，因而不能得到各相应截面的烟温分布，因此对研究热偏差、局部热负荷等问题就只能用直接测量温度或热流的方法。

2. 综合系数的总结法

第一种方法的主要缺点是假定火炬中心不随沾污过程而变化，即 M 为定值，实际上随着炉膛的沾污、结渣，火焰中心有所提高，M 值略有降低。当只测量炉膛出口烟温而又同时考虑这些变化的影响时，可把与沾污、结渣有关的参数综合成一个总的未知数加以比较。

把式(5-1)改写成

$$\frac{T_i''}{T_a} = \frac{1}{1 + \dfrac{M(a_l \psi)^{0.6}}{(B_0')^{0.5}}} = \frac{1}{1 + \dfrac{R}{(B_0')^{0.5}}}$$

即

$$R = M(a_l\psi)^{0.6} = (B_0')^{0.5}\left(\frac{T_a - T_i''}{T_i''}\right) \tag{5-20}$$

式中，B_0' 为水冷壁无沾污(即 $\psi = 1$)时的玻尔兹曼准则，当炉膛结构、燃料以及负荷一定时，B_0' 为定值

$$B_0' = \frac{\varphi B_j \mathrm{VC}_{pj}}{3.6\sigma_0 F_l T_a^3} \tag{5-21}$$

随着炉内沾污，炉膛出口烟温升高，R 值相应降低，因此由 R 的大小，可以对炉内沾污、结渣作出相应的判断。

本方法的缺点是，由于 R 值的物理意义不够明确，所以只能作为相对比较。

3. 测量炉内温度场和炉膛出口烟温的总结方法

采用该方法 M 值及 T_i'' 值都通过实验决定，因此所得的沾污参数比较可靠，但是由于测量及炉墙开孔的困难，炉内温度场不易测准。工业性实验往往多用光学高温计进行，火焰中心的微小变化是不是判别得出来，这是本方法存在的主要问题。

4. 测量炉膛出口烟温及水冷壁热有效系数 ψ

除了测出炉膛出口烟温，如果还能用双面热流计把水冷壁的热有效系数 ψ 测出，则可按式(5-1)和式(5-20)求出 M 值为

$$M = \left(\frac{B_0'}{a_l\psi}\right)^{0.6}\left(\frac{T_a - T_i''}{T_i''}\right) \tag{5-22}$$

这样，其他沾污参数就能顺利求出。

5.1.3 沾污、结渣的专门性实验方法

为了了解不同煤种、不同运行工况下的沾污、结渣和腐蚀等机理和寻求解决这些问题的措施，往往需要进行一些专门性的实验，通常有以下几种方法。

1. 灰渣熔点和黏度实验

灰渣熔点及黏度是实验室常规性实验，它对了解炉内结渣有一定参考意义。实验时要特别注意灰样及气氛的选择。通常认为渣的塑性对炉内结渣影响较大，它不但难以清除，而且易于不断沾黏其他的灰分而形成恶性循环，由于灰熔点和

黏度特性与煤灰的成分及气氛有密切的关系，例如，图 5.5 给出某种煤在不同炉内气氛下灰渣的黏度特性，在氧化气氛中具有较高的熔点，在 1260℃时黏度超过 1500 Pa·s，但在还原性气氛中，黏性下降到 10 Pa·s，此时即使炉内降温至 1040℃仍保持塑性状态。炉内燃烧的脉动及局部工况气氛的变化，如图 5.5 所示，使得总的最大塑性区扩展到 1050～1350℃。由此可见，用灰熔点和黏度特性判断炉内结渣时，应考虑炉内的气氛及煤在炉内燃烧时灰分的分离和沉积的影响，最好在炉内水冷壁不同位置直接取样，在不同气氛下进行分析实验。

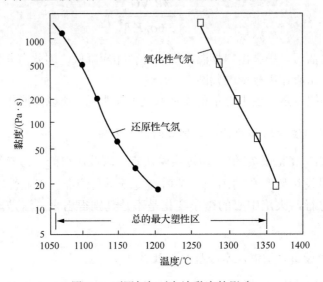

图 5.5　不同气氛对灰渣黏度的影响

2. 实验室结渣、沾污专门实验台架

在工业现场通常不易开展对燃烧工况、煤种结渣、沾污机理影响的深入研究，为此可以设计安装专门的小型实验台架，其煤粉燃烧量在每小时几百千克以下，在炉内及高温对流段布置有专门的结渣、沾污实验管，以便进行研究。

通常炉内和对流取样管用压缩空气进行冷却，以调节不同的壁温模拟锅炉水冷壁、再热器或过热器受热面的工作状况，测定在取样管表面沉积物的增长速度及形状、强度。在相同时间间隔内，沉积物的重量大小可视为该煤种的相对结渣、沾污性能指标。同时，对取样管上的沉积物分层取样进行化学成分分析以决定沉积物的种类，进行元素分析以确定各种元素对结渣、沾污的影响，用电子显微镜对所取灰样扫描以确定 Na、Ca、Mn、S、Si、Al 等的分布规律，用 X 射线衍射仪来测定灰中矿物质颗粒的成分，通过各种数据的综合分析探索结渣和沾污、积灰的机理。例如，国外某座结渣、沾污实验台架，煤粉燃烧量为 34kg/h，炉膛热

负荷为 $140 \times 10^3 \, \text{W/m}^3$；燃烧室直径为 762mm，高为 2.44m，底喷式，配合有预热的一、二、三次风，在炉膛出口处分别装设三组空气冷却取样管，分别控制壁温为 427～538℃，烟温为 871～1093℃，每个工况稳定实验约 3h，然后取样分析，在图 5.6 中给出三种不同煤种 Na_2O 含量不同时取样管灰渣的沉积量变化规律。根据实验台对 100 多种煤的研究发现，当取样管灰沉积量小于 150g 时，该煤种具有低的沾污性能，在 150～300g 时具有中等沾污性能；当灰沉积量高于 300g 时，则认为该煤灰具有高的沾污性能，由图 5.6 可见，当灰中 Na_2O 含量在 1%以内时，三种煤都具有低的沾污性能，但当 Na_2O 含量增加时，煤含灰量越大，其沾污性能越强大。

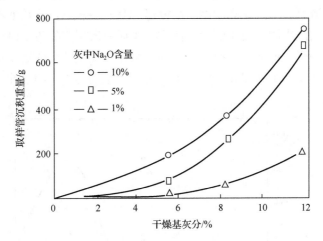

图 5.6　煤中不同含灰量及含钠量对积灰数量的影响

3. 在锅炉中装设小型旁通烟道的实验方法

当现场条件许可时，也可设计小型旁通烟道，自炉膛上部抽取高温烟气，经过模拟管束和实验取样管再送回对流烟道内，这种方法易于变化烟温、烟速、壁温、管束布置形式对结渣的影响，每次实验在几小时至几十小时内即可完成，但不易进行变化煤种、煤粉细度、灰中不同矿物质含量的实验。

4. 根据煤灰烧结强度来衡量煤灰沾污特性

鉴于炉内灰沉积和沾污通常是在低于灰的初始变形温度下进行的，单靠灰熔点高低无法进行准确判断，而在专门实验和现场工业性实验中往往要求设备较复杂，所需实验周期较长，因此人们长期以来探索能否以较简单的煤灰烧结强度指标对沾污、积灰进行判断，从 20 世纪 50 年代起，美国 BW（Barnhot Williams）公司和我国西安热工研究所等单位，应用测定飞灰烧结强度与温度和时间的关系作为表征沾污的指标，测量步骤如下：从尾部烟道中取出有代表性的飞灰样品经500℃低温灰化，然后同10%的黏合剂(5%的石蜡和90%的煤油制作)和90%的灰样在11.8MPa下压制成直径为10mm，高度为12mm的样品柱，放在电炉中烧结，升温速度控制在10℃/min，在1088℃下烧结8h，取出材料实验机测量压碎烧结灰柱的压力。飞灰烧结强度越大，沾污越严重。实验表明，随着烧结温度的升高，烧结强度迅速增加(以图 5.7 为例，煤种为劣质烟煤，灰熔点 t_1=1180℃，t_2=1240℃，t_3=1260℃，Q_{DW}^f =16127kJ/kg)，当温度接近灰熔点时达到最大值，当温度超过灰熔点后，烧结强度则急剧下降，在图 5.8 中给出了烧结强度随烧结时间的变化规律(烧结温度为 1061℃)，可以明显发现，随着烧结时间延长，烧结强度迅速增加。由此可见，结渣最易出现在高烟温、高壁温(但低于灰熔点)、长期不清理吹灰的区域内，此时结渣牢固而较难清除，西安热工研究所用收集飞灰测定对燃用不同煤种的电站锅炉受热面沾污情况的烧结强度来作为煤灰沾污的定量指标。通过对比发现，烧结强度低于 1MPa 的大多数煤种属于不沾污煤，超过此值后就带有一定的沾污倾向。

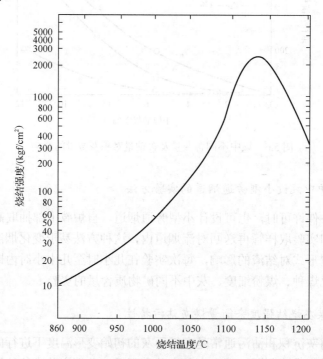

图 5.7　飞灰烧结强度与温度的关系

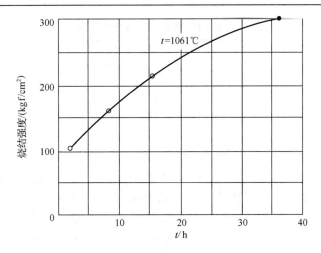

图 5.8　飞灰烧结强度随时间的变化

5. 根据煤灰成分来判断其结渣和沾污特性

当条件许可时，可以分析煤灰中的碱性成分（如 Fe_2O_3、CaO、MgO、Na_2O、K_2O 等）和酸性成分（SiO_2、Al_2O_3、TiO_2 等），并计算出结渣指数 R_1 的大小，R_1 的定义是

$$R_1 = \frac{Fe_2O_3 + CaO + MgO + Na_2O + K_2O}{SiO_2 + Al_2O_3 + TiO_2} \times S^g \tag{5-23}$$

式中，S^g 为煤中干燥基含硫量。

R_1 值越大，表明结渣越严重。同理，根据煤灰成分也可以计算出沾污指数 R_F 的大小。

R_F 的定义是

$$R_F = \frac{Fe_2O_3 + CaO + MgO + Na_2O + K_2O}{SiO_2 + Al_2O_3 + TiO_2} \times Na_2O \tag{5-24}$$

R_F 值越大，表明受热面沾污越严重。国外把煤的结渣和沾污特性分为 4 种类型，即程度低的、中等的、高的和严重等 4 种。各类型的结渣指数和沾污指数的范围如表 5.1 所示，可供参考。

表 5.1　结渣和沾污指数范围

结渣或沾污程度	结渣指数 R_1 范围	沾污指数 R_F 范围
低	< 0.6	< 0.2
中等	0.2 ~ 2.0	0.2 ~ 0.5
高	2.0 ~ 2.6	0.5 ~ 1.0
严重	> 2.6	> 1.0

由此可见，结渣、沾污严重与否，和煤灰中碱酸比、氧化钠和硫含量有关。当沾污指数 R_F 越大时，飞灰的烧结强度也越高，沾污的灰渣也越难清除。可以设想煤灰烧结强度 σ_ε 与 R_F 值或 Na_2O 含量有较密切的关系。西安热工研究所研究了我国典型的实验数据，对高铁型煤灰，即煤灰中 $Fe_2O_3 > (CaO + MgO + Na_2O + K_2O)$，回归分析得出煤灰烧结强度为

$$\sigma_\varepsilon = 90365 R_F^{2.811} \ (kg/m^2) \tag{5-25}$$

对高钙型煤灰，即煤灰中 $Fe_2O_3 < (CaO + MgO + Na_2O + K_2O)$ 得出

$$\sigma_\varepsilon = 2.78 \times 10^{3.541 Na_2O} R_F^{2.811} \ (kg/m^2) \tag{5-26}$$

根据这些回归公式推算，我国煤灰的沾污指数范围比国外还严格，如果以实验所得烧结强度 $\sigma_\varepsilon = 10 kg/cm^2$ 为判断煤灰是否易于沾污的依据，则可判断高铁型灰 $R_F \leqslant 0.04$，高钙型煤灰 Na_2O 含量低于 0.2% 的煤为不沾污类型，超过此值的煤都将带有一定的沾污倾向。

6. 利用热流计来实验沾污和积灰过程

如果利用双面热流计对炉内易产生沾污、积灰的部位进行测定，可以求出局部水冷壁的热有效系数 ψ：

$$\psi = \frac{q_{t_0} - q_{fs}}{q_{t_0}} = \frac{q_{xl}}{q_{t_0}}$$

式中，正对火焰测出的热流即火炬投射热流 q_{t_0}；正对水冷壁测出的热流即反射热流 q_{fs}。随着沾污过程，ψ 值逐渐降低，沾污严重时，几小时内 ψ 值即有较大幅度的下降，但是热流计在炉内测量时，其表面也会沾污、结渣。如果能控制热流计表面温度与水冷壁相接近，则可利用热流计的沾污过程来判断受热面的沾污情况。设热流计表面沾污灰层厚度为 δ_h，其导热系数为 λ_h，则通过灰污热流计的吸热量为

$$q_{xl} = \frac{\lambda_h}{\delta_h}(T_h - T_{bc}) \tag{5-27}$$

式中，T_h、T_{bc} 为热流计灰污层表面及测量层表面的温度，后者可由热流计测温装置推算出。

根据传热公式

$$q_{xl} = Aq_{t_0} - q_{bs} \tag{5-28}$$

而热流计本身辐射为

$$q_{bs} = 5.67 \times 10^{-8} aT_h^4 \tag{5-29}$$

另外，由式(5-3)得 $q_{xl} = \psi q_{t_0}$，代入式(5-28)和式(5-29)，则

$$q_{bs} = 5.67 \times 10^{-8} aT_h^4 = Aq_{t_0} - \psi q_{t_0}$$

$$T_h = \sqrt[4]{\frac{A - \psi}{5.67 \times 10^{-8} a} q_{t_0}} \tag{5-30}$$

由式(5-27)得灰污层热阻：

$$\varepsilon = \frac{\delta_h}{\lambda_h} = \left(\sqrt[4]{\frac{A - \psi}{5.67 \times 10^{-8} a} q_{t_0}} - T_{bc} \right) \bigg/ (\psi q_{t_0}) \tag{5-31}$$

式中，A、a 为灰污层的吸热能力和黑度。对灰污层，一般 $A = a = 0.82 \sim 0.95$。

为了达到和炉内受热面相近的壁温，热流计不能用水而只能用空气冷却，加上恒温控制器，能使壁温在 $200 \sim 400\,℃$ 范围内变化。

5.1.4　尾部对流受热面的沾污、积灰实验方法

当使用劣质燃料时，尾部受热面较易出现沾污、积灰引起的传热恶化及腐蚀磨损，有时甚至被迫降低负荷乃至停炉。对于沾污后的对流受热面，当略去管壁金属的热阻及管内水垢的热阻时，其传热系数 K 可表示如下：

$$K = \frac{1}{\dfrac{1}{\alpha_1} + \varepsilon_h + \dfrac{1}{\alpha_2}} \tag{5-32}$$

式中，α_1、α_2 为加热介质对管壁及管壁对受热介质的放热系数；ε_h 为灰污层热阻。

$$\varepsilon_h = \frac{\delta_h}{\lambda_h} \ (\mathrm{m^2 \cdot {}^\circ C \cdot W^{-1}}) \tag{5-33}$$

式中，δ_h、λ_h 为管外灰污层厚度及导热系数。

当管壁清洁时，放热系数为

$$K_0 = 1 \Big/ \left(\frac{1}{\alpha_1'} + \frac{1}{\alpha_2} \right) \tag{5-34}$$

式中，α_1' 为加热介质对清洁管壁的放热系数。

应用传热实验数据来决定灰污层热阻时，往往采用

$$\varepsilon_h = \frac{1}{K} - \frac{1}{K_c} = \frac{1}{\alpha_1} + \frac{\delta_h}{\lambda_h} - \frac{1}{\alpha_1'} \tag{5-35}$$

通常认为 α_1 和 α_1' 近似相等，即用式(5-33)表达。但当沾污积灰严重时，α_1 会大于 α_1'，这是因为：

(1)管外壁积灰后，流通截面减少，烟速增加，使对流放热系数增加。

(2)外管壁积灰后，传热外表面积增加，且其表面粗糙度也明显增大，这些都强化了烟气对流传热。

(3)含灰的两相气流比清洁气流的传热效果增强。

(4)沾污后，烟气侧对流放热系数增加。

用式(5-35)总结实验的 ε_h 常比用式(5-33)所得到的值低。用式(5-36)计算灰污壁温 t_h：

$$t_h = t + \left(\varepsilon + \frac{1}{\alpha_2} \right) \frac{B_j}{S} Q \ ({}^\circ\mathrm{C}) \tag{5-36}$$

式中，S、Q 为受热面积及其吸热量；t 为管内工质温度。

式(5-36)所得的 t_h 值会偏高，这就导致计算烟气侧对管壁的辐射放热系数 α_f 也略有增加。这是因为对含灰气流有

$$\alpha_f = 5.67 \times 10^{-8} \cdot \frac{a_h + 1}{2} a \frac{T^4 - T_h^4}{T - T_h} \ \left[\mathrm{W/(m^2 \cdot K)} \right] \tag{5-37}$$

式中，a_h、a 分别为灰污壁及烟气的黑度；T 为烟气温度，K。

$T^4 - T_h^4$ 按泰勒级数展开并取前两项：

$$T^4 - T_h^4 = 4T^3(T - T_h) - 6T^2(T - T_h)^2$$

代入式(5-37)，可得

$$\alpha_f = 5.67 \times 10^{-8} \cdot \frac{a_h+1}{2} \cdot a \cdot 4T^2 \left[T - 1.5(T - T_h)\right] \tag{5-38}$$

这样，总效果是 $\alpha_1 > \alpha_1'$，这使得实际的沾污系数比式(5-33)所得的值低，这在总结实验数据时应加以注意，对某些顺利布置的对流受热面，用热有效系数 ψ 考虑受热面的沾污，即

$$\psi = K/K_0 \tag{5-39}$$

通常传热系数 K 可由现场实验中实测决定：

$$K = \frac{B_j Q}{3.6 F \Delta t} \left[W / (m^2 \cdot K) \right] \tag{5-40}$$

式中，F 为受热面积，m^2；Δt 为传热温压，K；Q 为相应于每公斤燃料，受热面吸收的对流放热和辐射放热的热量。

如果从烟气侧实验：

$$Q = \varphi(H' - H'' + \Delta\alpha H_{lk}^0) \text{ (kJ/kg)} \tag{5-41}$$

如果从工质侧试验，例如，对水侧：

$$Q = \frac{D}{B_j}(h'' - h') \tag{5-42}$$

对空气侧：

$$Q = \left(\beta_{ky}'' + \frac{\Delta\alpha}{2} + \beta_z \right)(H_{ky}^{0''} - H_{ky}^{0'})$$

式(5-41)及式(5-42)中，φ 为保温系数；$\Delta\alpha$ 为该实验段的漏风系数；H'、H'' 为对流受热面进出口烟焓；h'、h'' 为受热面进出口工质(水或蒸汽)焓；$H_{ky}^{0''}$、$H_{ky}^{0'}$ 为空气预热器进出口空气焓；β_{ky}'' 为空气预热器出口处空气量与理论空气量之比；β_z 为在空气预热器中再循环的空气份额。

至于清洁时的传热系数 K_0 可以根据锅炉热力计算标准方法，即按式(5-34)计算，或受热面仔细清灰后用专门的清洁传热测管进行实验测定，在条件许可时，应该同时测定烟气侧传热和工质侧传热，以便相互校验。

5.1.5 受热面沾污、积灰的动态特性实验方法

全新的或大修、吹灰后的受热面是清洁的，其传热能力较强，飞灰流经各受

热面时，受上述各种力的作用，在受热面上沉积而产生沾污，开始时主要是一些很细的灰粒沉积，设单位面积受热面灰粒的沉积量为 M，其数量应等于某些力使灰粒向受热面的沉积量 M_F 减去某些力使灰粒离开受热面的量 M_L，即

$$M = M_F - M_L \tag{5-43}$$

开始时，细灰粒的沉积假定以热致迁移力 F_t 为主，在灰粒向壁面的移动过程中，主要受到阻力 F_R 的作用，对如此细的颗粒，一般服从 Stokes 定律，即

$$F_R = 3\pi\mu u_t d_p$$

当 $F_t = F_R$ 时，可得灰粒因热致迁移力作用下移向壁面的速度

$$u_t = F_t / 3\pi\mu d_p \tag{5-44}$$

这样灰粒向受热面的沉积量

$$M_F = c_t u_t \tag{5-45}$$

把热致迁移力 F_t 的公式代入式 (5-45)，并考虑灰粒直径比分子自由行程大得多，可得

$$M = \frac{3}{2} c_t \frac{\mu^2}{\rho_g T} \cdot \frac{\lambda}{2\lambda + \lambda_P} \cdot \frac{\mathrm{d}T}{\mathrm{d}x} = B_F \frac{\mathrm{d}T}{\mathrm{d}x} \tag{5-46}$$

式中，c_t 为飞灰浓度；$B_F = \dfrac{3}{2} c_t \dfrac{\mu^2}{\rho_g T} \cdot \dfrac{\lambda}{2\lambda + \lambda_P}$ 是由物性决定的参数。

使粉尘离开受热面的力是比较复杂的，可认为与如下参数有关：

$$M_L = f(c_t, \rho_g, \mu, \lambda, d_p, T, \cdots) \frac{\mathrm{d}T}{\mathrm{d}x} \approx \beta_L \frac{\mathrm{d}T}{\mathrm{d}x}$$

代入式 (5-43)，设：

$$M = (B_F - B_L) \frac{\mathrm{d}T}{\mathrm{d}x} \approx -B \frac{\mathrm{d}T}{\mathrm{d}x} \tag{5-47}$$

在边界层厚度 δ_b 内，可近似认为温度梯度服从线性规律，即

$$M = -B \frac{T_g - T_w}{\delta_b} \tag{5-48}$$

式中，T_w、T_g 分别为受热面壁温和边界层外烟温。由于飞灰沉积量增加 $\mathrm{d}M$ 后，受热面壁温提高 $\mathrm{d}T_w$，即

$$M + dM = -B \left[\frac{T_g - (T_w + dT_w)}{\delta_b} \right]$$

或

$$dM = \frac{B}{\delta_b} dT_w \tag{5-49}$$

设所沉积的灰污层厚度为 δ_h，其导热系数为 λ_h，密度为 ρ_h，则通过它的热流密度 q_h 即相应为受热面的吸热量：

$$q_h = -\lambda_h \frac{dT_w}{d\delta_h}$$

或

$$dT_w = -\frac{q_h}{\lambda_h} d\delta_h \tag{5-50}$$

此外，飞灰层随着时间的增长为

$$d\delta_h = \frac{M}{\rho_h} d\tau \tag{5-51}$$

把式(5-51)、式(5-50)代入式(5-49)得

$$dM = -KM d\tau \tag{5-52}$$

式中

$$K = \frac{Bq_h}{\delta_h \rho_h \lambda_h} \tag{5-53}$$

称为污染速度系数，其因次为 $1/h$，假定在所研究的时间间隔内 K 变化不大，则积分式可得

$$M = M_0 e^{-K\tau} \tag{5-54}$$

式中，M_0 为 $\tau = 0$ 时向清洁表面沉降的飞灰流，$kg/(m^3 \cdot h)$。应当指出，随着飞灰的沉积，污染表面温度逐渐升高，使产生热致迁移力的温度梯度减小，故细粒飞灰的沉积量 M 随着时间 τ 的增加而降低，把式(5-54)代入式(5-51)积分，并考虑到 $\tau = 0$，$\delta_h = 0$；$\tau \to \infty$ 时，$\delta_h \to \delta_w$，可得灰污层厚度随时间的变化规律：

$$\delta_h = \delta_w \left(1 - e^{-K\tau}\right) \tag{5-55}$$

设 $\varepsilon_\infty = \dfrac{\delta_\infty}{\lambda_h}$，$\delta_\infty$、$\varepsilon_\infty$ 分别为沾污稳定后的灰污层厚度及灰污层热阻，这样可求得灰污层热阻随着时间变化的动态规律：

$$\varepsilon = \varepsilon_\infty \left(1 - e^{-K\tau}\right) \tag{5-56}$$

同理，如果我们研究受热面吸热量因积灰沾污而随时间变化的规律，根据式(5-54)，可类似写出

$$\frac{q - q_\infty}{q_0 - q_\infty} = \exp(1 - K_0\tau) \tag{5-57}$$

式中，q_0、q、q_∞ 分别为起始时，任一瞬间及沾污稳定后的受热面吸热量。应当指出，上述分析沾污过程的动态特性时，由于问题的复杂性，把各种作用力的结果归结为沾污速度系数 K，并把它当做常量处理，所以是近似的，需要进一步完善，K 值主要由实验决定，因此和实际情况还是比较接近的，可以作为分析问题时的参考。

在实验时，为了能模拟受热面的沾污积灰情况，浙江大学设计了可伸入炉内的量热测管，其原理见图 5.9，用五组热电堆（由 8 只热电偶均匀分布组成），测量各段水温以测定各段传热量 q，各段中装有专门的壁温测量热电偶，为了能进行综合的实验，在头部装设有热流计，利用这样的测管可以得到以下参数。

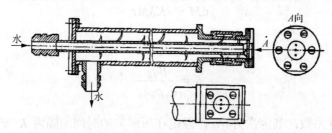

图 5.9　六点量热测管

(1)炉内传热量随时间的变化(即动态的沾污过程)，传热管吸热量为

$$q = G\Delta t c_p / F \tag{5-58}$$

式中，G 为冷却水量；Δt 为实验段的温升；F 为量热管实验段的表面积。

如果在炉膛内，可用式(5-59)近似地把它换算成水冷壁的传热量：

$$q = q' \frac{\pi d}{s} \tag{5-59}$$

式中，d 为量热管外径；s 为水冷壁节距。

随着测管的沾污过程，水冷壁吸热量不断降低，分别把起始、τ 瞬间及污染稳定后测量得的传热量 q_0、q、q_∞ 代入式(5-57)，即可得到沾污速度系数。

(2) 火炬投射热流 q_{t_0}。除了可用头部热流计测量，当用水冷却时，量热管在清洁时的反向辐射很小，可以认为刚伸进清洁的量热管，吸热量即等于 q_{t_0}，由式(5-3)，可得热有效系数：

$$\psi = \frac{q_{t_0} - q_{f_0}}{q_{t_0}} = \frac{q_{xl}}{q_{t_0}}$$

当 $q_{f_0} \to 0$ 时，$\psi \to 1$，$q_{xl} \approx q_{t_0}$，则

$$\psi = \frac{q_{xl}}{(q_{xl})_{\tau=0}}$$

即

$$q_{t_0} = (q_{xl})_{\tau=0} \tag{5-60}$$

(3) 沾污层壁温 T_h。根据式(5-30)、式(5-60)有

$$T_h = \sqrt{\frac{A(q_{xl})_{\tau=0} - (q_{xl})_{\tau=0}\psi}{5.67 \times 10^{-8} a}} \tag{5-61}$$

对量热管，$A = a \approx 0.95$。

(4) 积灰、结渣层厚度 δ_h。实验完毕后，可把量热管小心拉出，测量灰污层平均厚度 δ_h，一般可用如下的近似测量方法：把灰层擦平至与管壁相切(图 5.10)，测量出切线长度 l_h，则

$$\delta_h = 0.5\left(\sqrt{d^2 + l_h^2} - d\right) \tag{5-62}$$

(5) 积灰层导热系数 λ_h。由式(5-27)得

$$\lambda_h = \frac{q_{xl}\delta_h}{(T_h - T_{bc})} \tag{5-63}$$

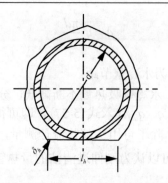

图 5.10　灰污层厚度的近似测定

(6)灰污层取样并进行颗粒度及化学分析，可了解积灰、结渣的原因。

应用上述实验方法，我们对几台炉子不同的烟道进行了实验，其典型的例子为：将沸腾炉炉膛上部悬浮段灰污系数随时间的变化规律示于图 5.11，数小时后即趋于稳定。按式(5-56)回归得出的公式为

$$\varepsilon = 0.0022\left(1 - e^{-0.9513\tau}\right) \tag{5-64}$$

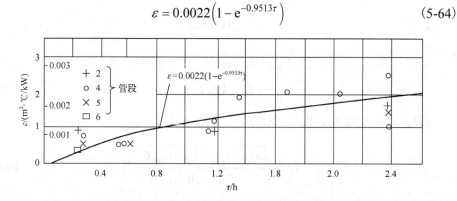

图 5.11　炉内悬浮段灰污层热阻的变化规律

在对流段的实验结果见图 5.12，其灰污系数的动态规律回归得(图中曲线)：

$$\varepsilon = 0.012\left(1 - e^{-0.235\tau}\right) \tag{5-65}$$

对某厂煤粉炉空气预热器前吸热量变化的动态特性实验示于图 5.13，其规律和式(5-57)是一致的，在几小时后灰层沾污即趋于稳定。在图 5.14 中，总结了国内外烧不同煤种对锅炉水冷壁沾污的典型实验规律，其吸热量的变化也服从式(5-57)，只是煤种不同时，沾污速度系数的数值有所不同而已，K 值越大，说明受热面污染速度越快，一般近似的数据是：对页岩 $K = 2 \sim 5 \ l/h$，无烟煤 $K = 2.5 \sim 5 \ l/h$，烟煤 $K = 1.5 \ l/h$，重油 $K = 0.8 \ l/h$，由于煤灰中 Na、K 等成分含量相差很大，因而沾污特性有很大不同。上述数据只是作为说明的例子，对于不同煤种应根据现场实验决定。

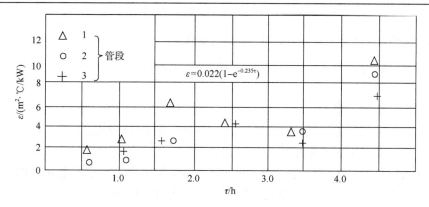

图 5.12　烟气对流段灰污层热阻的变化规律

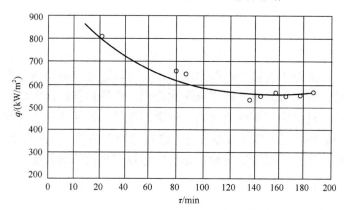

图 5.13　空气预热器前传热量的降低规律

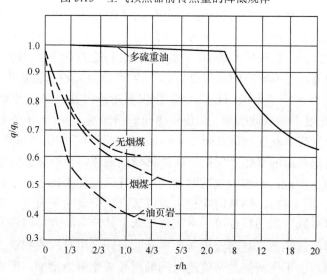

图 5.14　燃用不同燃料时炉膛受热面的污染规律

5.1.6　减轻炉内受热面的沾污、积灰的可能措施

要减轻炉内受热面的沾污腐蚀，一般采用下列措施。

1. 在锅炉结构方面

对碱土金属含量较高，易产生沾污的煤种可采用较低的热负荷，较大的炉内水冷程度，或采用膜式水冷壁使灰渣到达较冷的水冷壁四周时不处于液态。较低的炉膛出口烟温，以防止过热器结渣。在对流烟道内保证合理的烟速，烟速过低易于产生积灰，过高又容易出现腐蚀。同时避免过多的漩涡区和死角，以免引起灰沉积。

2. 在锅炉燃烧方面

最为重要的是要有良好的炉内空气动力特性，这里主要指炉内气流充满度好，涡流停沸区小，火炬不直接和炉墙冲刷，这些可以通过冷态及热态空气动力场实验达到。此外，要求每只喷燃器煤风配比合理，即每只燃烧器出口保持相近的过量空气系数值。过量空气系数值过高，使火炬拖长，越易冲击水冷壁；过量空气系数过低，局部易出现还原性气氛，为高温腐蚀创造条件，也使火炬拖长。为此，需要仔细地进行风煤分配调试实验，运行时尽量避免给粉机分配不均匀运行和缺角运行(对死角布置喷燃器)。

3. 合理的吹灰方法和吹灰间隔

利用上述工业实验或专门的动态特性沾污实验方法，可以测量吹灰前后吸热量的变化，以决定吹灰效果及合理的吹灰时间间隔，图 5.15 给出了燃用劣质多灰煤的典型实验结果，吹灰后不到 2h，量热测管吸热能力下降到 60%，吹灰后又恢复至原来的数值，表明吹灰的效果良好。国内对 75t/h 煤粉试验炉进行试验表明，全面吹扫燃烧室水冷壁不但可以防止炉膛积灰结渣，并且可以使锅炉效率提高 1%～2%，但是过于频繁地吹灰，会使受热面磨损加剧。例如，国外某台 220t/h 页岩炉，平均每昼夜吹灰次数达 18～20 次，在吹灰器附近的管子每年磨损 2mm。这是因为，金属表面的氧化"保护"膜经常受到破坏，使磨损速度增大几倍至几十倍(图 5.16)。因此，合理的吹灰时间间隔最好通过实验确定。不同的燃料应有不同的时间间隔。目前，炉膛内吹灰主要以蒸汽或空气吹灰为主，对含碱土金属（Na_2O、K_2O）较多的燃料也可用水进行吹灰，其冲击能力可增强几十倍，对屏式过热器及对流过热器，对疏松积灰用振动除灰较之用蒸汽吹扫更为简单有效。对易结渣的煤，由于飞灰烧结强度随时间的增长成比例地增加，所以吹灰时间间隔过长，受热面的沾污就较难清除，并且吹灰的效果也降低。

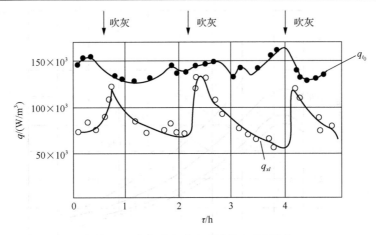

图 5.15　吹灰对水冷壁吸热量 q_{xl} 的影响

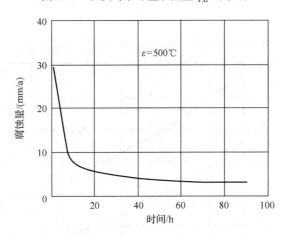

图 5.16　试件腐蚀速度与时间的关系

4. 利用烟气再循环

利用烟气再循环，以降低炉内热流及燃烧温度，有利于减少碱土金属的升华和 SO_3 的形成以及灰粒的黏结熔化，在图 5.17 和图 5.18 中给出了典型实验结果，随着烟气再循环量的增加，投射到水冷壁上的热流值有较大幅度的下降，而炉膛中心及出口处烟温下降得尤为显著。例如，烟气再循环量为 14% 时，最大投射热流量下降 $120 \times 10^3\,W/m^2$，炉膛温度水平下降 150～180℃。

对于防止沾污、积灰腐蚀来讲，烟气再循环入口最好选在炉膛下部或燃烧器处。

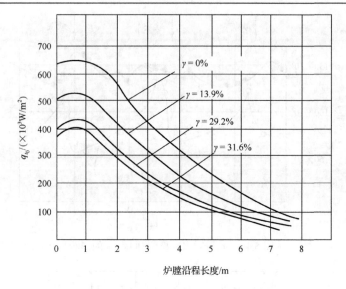

图 5.17　烟气再循环量 γ 对炉膛投射热流量的影响

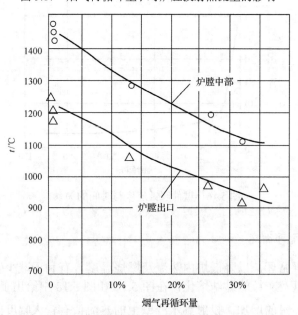

图 5.18　烟气再循环对炉膛温度的影响

5. 壁面锅炉负荷的急剧变化和升温

　　尽量避免锅炉负荷的急剧变化和频繁的停炉、升炉，以防止受热面壁面温度的急剧变化，特别是升炉和停炉时，壁温在某段时间内低于露点，很易发生积灰腐蚀。

5.2　国内外近几年的结渣测量技术

国内外对积灰结渣的实验研究主要集中于对单煤燃烧的积灰结渣问题、燃料混烧时积灰结渣问题、纯生物质掺烧的积灰结渣问题。

(1) Korytnyi 等[193]研究了换热表面积灰时，其传热的变化。该研究中涉及的积灰探针的材料、外径、表面温度和实际电厂锅炉中的换热管一样。实验中获得了探针没有灰沉积时的热阻和积灰之后的热阻。图 5.19 展示了积灰探针在炉膛内的布置方式 T_{in}、T_{out} 为冷却水进出口温度；T_{tube} 为探针表面温度；$T_{fur, av}$ 为炉膛平均温度；$T_{in,out}$ 为探针中水的温度。

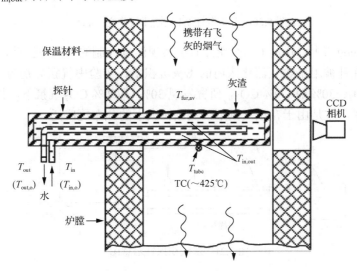

图 5.19　积灰探针在炉膛内的布置方式

(2) 对于纯烧生物质方面，Žybogar 等[194]研究了燃秸秆锅炉中的灰渣掉渣机理。该研究中开发了一个冷却探针用来对掉渣进行测量。该探针冷却介质采用逆流的水及压缩空气。同时，探针能够通过视频记录对掉渣进行定性测量。另外，通过获取探针上的热流以及探针上的渣样质量对掉渣实现定量测量。探针的结构示意图如图 5.20 所示。研究中显示，熔融渣的掉渣机制主要受重力影响。另外，烟气温度影响了沉积物中熔融相的比例，这在很大程度上决定了灰渣的掉渣率。

(3) Naruse 等[195]研究了在高温条件下，不同煤粉燃烧时生成的灰渣的特征。该研究中利用水冷沉积探针来收集灰渣，并分析了活性煤粒和沉积层中的灰颗粒大小及成分分布。结果表明活性颗粒中的灰颗粒的化学成分和初始沉积层中灰颗粒的化学成分是不同的，并且灰的沉积和产生的灰粒大小、沉积探针周围的流场和每个灰颗粒的成分有关。

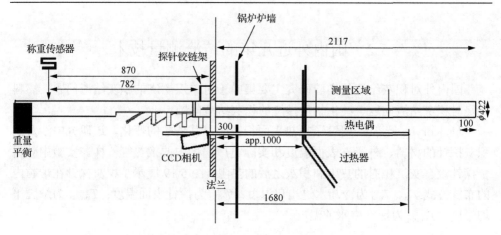

图 5.20　沉积探针结构示意图(单位：mm)

(4)Zheng 等[196]开发了一个空冷且能实现温度控制的灰沉积探针，如图 5.21 所示。该探针被用来收集流化床内的飞灰沉积率，实验中气氛分别为空气、21% O_2/79% CO_2、30% O_2/70% CO_2。研究发现 30% O_2/70% CO_2 气氛下，具有更高的灰渣沉积率。这是由于在该气氛下，灰颗粒大小的分布更广泛。

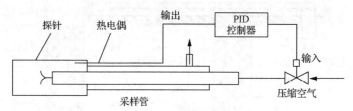

图 5.21　灰沉积探针示意图

(5)Khodier 等[197]研究了芒草和 Daw Mill 煤在不同掺烧比例时的结渣特征。该研究中的灰沉积探针为空冷式且表面温度分别设置为 500℃、600℃、700℃。实验结果表明沉积物在探针的正面的沉积量是随着生物质的增加而减少，而探针背面的灰沉积量是随着生物质量增加而增加。图 5.22 给出了探针表面温度为 500℃左右时，各掺混比例下探针上收集的沉积物情况。

探针正面灰渣　　　　　　　　　　　　　探针背面灰渣

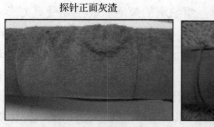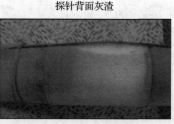

(a) 芒草：Daw Mill煤(20：80)　　　　　(b) 芒草：Daw Mill煤(20：80)

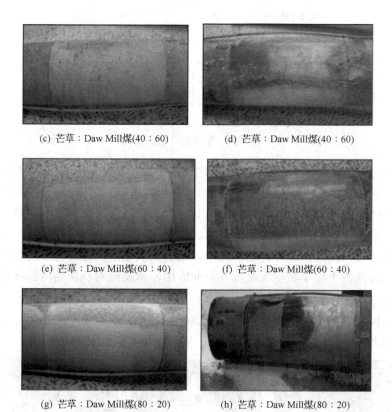

(c) 芒草：Daw Mill煤(40∶60)　　　　(d) 芒草：Daw Mill煤(40∶60)

(e) 芒草：Daw Mill煤(60∶40)　　　　(f) 芒草：Daw Mill煤(60∶40)

(g) 芒草：Daw Mill煤(80∶20)　　　　(h) 芒草：Daw Mill煤(80∶20)

图 5.22　探针正面和背面的灰沉积量随芒草比例的变化情况

(6) Hussain 等[198]也研究了 Daw Mill 煤和谷物的副产物掺烧时的结渣情况，其研究方法和 Khodier 等一样。研究结果显示，在其他情况相同时，探针正面的灰沉积率要大于侧面和背面的。正面灰沉积主要涉及惯性碰撞和冷凝机制。同时，增加谷物副产物的量，探针上的灰沉积率是要减少的。这是由于来自于谷物副产物中的氯化钾和煤中的含 S 化合物反应所致。

(7) Madhiyanon 等[199]通过在链条炉中燃烧油棕果渣研究其灰和沉积物的生成特性。该研究中开发了一个内外环分别流通水和空气的沉积探针用来收集灰渣，其结构示意图如图 5.23 所示。实验中对灰渣沉积在探针表面对其热流的影响进行了测量，结果显示经过 19h 的实验后，其热流相对于初始时刻减少了 70%。同时，XRF（X-ray fluorescence，X 射线荧光光谱仪）和 SEM-EDX（scanning electron microscopy with energy dispersive X-ray spectrometer，电子扫描电镜及 X 射线能谱）结果显示氯化钾不仅存在于最内层，它也占据了沉积物总重量的 60%～80%，这也说明碱金属的冷凝对灰沉积物的生成起着非常重要的作用。

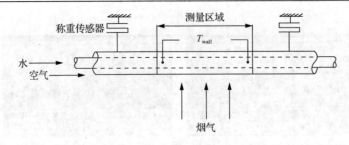

图 5.23　灰渣探针原理图

　　(8) Davidsson 等[200]对如何减少流化床锅炉中燃烧生物质燃料引起的碱金属相关的问题做出了一些试探性的实验研究。例如，往二氧化硅床材料中添加硫酸铵盐、高岭土及单质硫，另外，将橄榄石沙和高炉渣作为床材料。实验中沉积物是通过沉积探针收集的，并且其质量和成分被测试分析。实验中发现，添加高岭土是减少床材料凝聚的最好方法。此外，减少积灰结渣问题最有效的方法是添加硫酸铵，而高岭土由于费用太高很难商业应用，单质硫对积灰结渣的减弱明显不如硫酸铵。

　　(9) Zhang 等[201]基于图像法研究了铁矿物含量对灰渣熔融的影响。实验结果如图 5.24 所示。

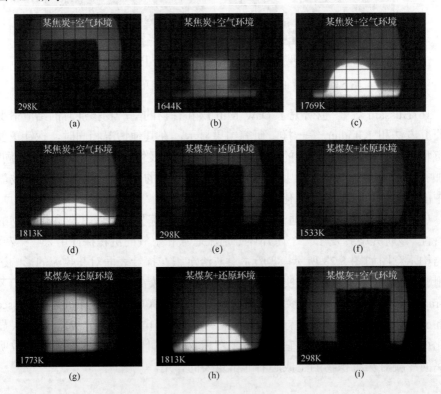

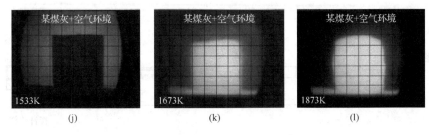

图 5.24　三种不同条件下的烧结图

5.3　结渣在线测量技术

从目前对积灰、结渣的研究情况来看，理论和实验研究都已经开展了很多，对积灰结渣的形成机理也有了一些认识。但是，对于积灰、结渣生长的在线测量并没有取得多少进展。因此，本书作者通过自行开发的一套灰沉积探针以及 CCD 测枪，对积灰结渣的过程实现在线测量。再根据数字图像技术获取灰渣的厚度，探究了灰沉积表面温度对结渣的影响、炉膛温度对结渣的影响、添加剂对结渣的影响，以及热流密度和灰渣导热系数。

5.3.1　灰沉积探针以及 CCD 测枪

1. 灰沉积探针

灰沉积探针系统包括灰沉积探针和油循环温度控制器。灰沉积探针由两部分组成：灰沉积头和沉积杆。沉积杆采用内外环形结构，实验时内环通有一定温度的导热油。灰沉积探针的结构示意图和实物图如图 5.25 所示。

沉积探针杆的长度为 700mm，而探针头部长度及外径分别是 76mm 和 40mm，探针头部与探针杆是通过螺纹连接的。为了监测灰渣沉积对探针热流的影响，在探针头部的端面处布置有两个沿径向分布的小孔用于安装 K 型热电偶，如图 5.26 所示。小孔孔径为 1.8mm，且两小孔分别贴近探针头部的内壁面和外壁面。

探针入口处的导热油温度是通过油循环温度控制器控制的，其实物图如图 5.27 所示。实验过程中，探针插入炉膛内，这样导热油流经探针后，其温度必然要增加。导热油流出探针后，流回油循环温度控制器进行冷却，使其达到设定温度。

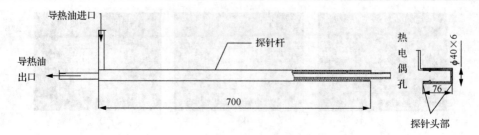

(a) 沉积探针结构示意图(单位: mm)

(b) 沉积探针实物图

图 5.25　沉积探针结构示意图和实物图

图 5.26　探针头部局部特写

图 5.27　油循环温度控制器

2. CCD 摄像系统

　　为了对灰渣的生长过程进行在线监测，Zhou 等[202]自主开发了 CCD 摄像系统，其结构示意图和实物图如图 5.28 所示。CCD 摄像系统主要由以下几部分组成：①CCD 相机，用于产生图片。实验中，CCD 相机的分辨率为 1280×1024，其帧率设为 3 帧/秒(F/s)，曝光时间设为 5ms；②水冷套管，用来保护相机镜头在炉膛内不被高温烧坏。水冷套管有两层结构，外层为环形结构，通有冷却水。内层通有压缩空气，在冷却套管前端出口处形成气膜，防止飞灰沾污光学镜头。③相机保护罩，由于炉膛周围恶劣的环境，保护罩起到保护相机的作用；④光学镜头，用来获得灰渣图片的光学信号，并传送信号到 CCD 相机的传感器。

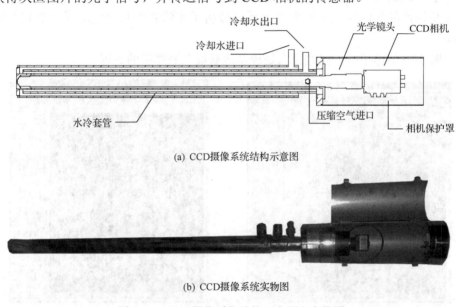

(a) CCD摄像系统结构示意图

(b) CCD摄像系统实物图

图 5.28　CCD 摄像系统结构示意图和实物图

3. 数字图像技术原理

　　在结渣实验过程中，CCD 相机对灰渣生长的过程是通过视频的形式采集和记录的。本书基于 MATLAB 软件及其工具箱开发了数字图像技术处理系统。该系统可以对 CCD 相机拍摄的视频进行处理并转化成 24 位的位图。随后，对位图进行边缘提取以获得灰渣的边缘图片。最后，对边缘图片进行圆的霍夫变换来获得边缘图片中圆的圆心以及半径。本章中涉及的灰渣厚度用最大高度代表，用字母 h 来表示。在结渣实验中，认为灰沉积探针头部的外径 D_1 是常数。在灰渣图片中，探针头部外径 D_1 这一长度单位内的像素点数为 P_D，而灰渣的最大高度这一长度

内的像素点数为 P_h。而通过数字图像技术处理系统可以很容易地计算出上述两个参数 P_D 和 P_h。因此，灰渣的厚度可以通过式(5-66)计算得到

$$h = D_1 P_h / P_D \tag{5-66}$$

5.3.2　结渣厚度的在线测量

受热面的积灰结渣严重地威胁着锅炉的安全经济运行。它不但会降低受热面的热传导能力，并且会导致受热面腐蚀、电厂的发电能力减弱、锅炉的非正常停炉、锅炉维修费用的增加。利用灰沉积探针和 CCD 摄像系统对陕煤的结渣情况进行了在线监测，并通过数字图像技术实现了灰渣厚度的在线测量。同时结合灰沉积探针的热流与灰渣厚度的关系，分析了灰渣各生长阶段对受热面传热的影响。

图 5.29 给出了数字图像技术处理系统获取灰渣厚度的流程。

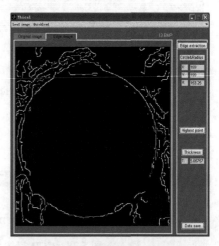

(a) 灰渣原始图片的读取　　　　　　　　(b) 灰渣图片的边缘提取及厚度的计算

图 5.29　数字图像技术处理系统获取灰渣厚度的流程

沉积探针的内壁和外壁的温度随时间变化的曲线如图 5.30 所示。从图中可以看出，随着灰渣在探针头部的沉积，探针内外壁温度逐渐减少，尤其在最初 50min 内，内外壁温度减少较多。后面减少速度逐渐放缓。在 168.5min 时，探针内外壁温度出现了一个锯齿状的上升，随后内外壁温度又开始逐渐下降。这是由于探针上发生了掉渣现象，这样灰渣的热阻减小，内外壁的温度也就骤升。CCD 相机拍摄的照片也印证了上述结论，如图 5.31 所示。

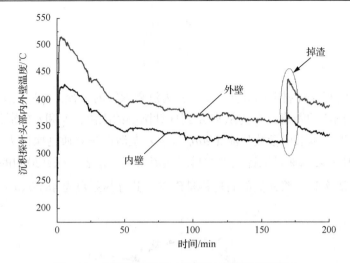

图 5.30　沉积探针头部内外壁温度随时间的变化

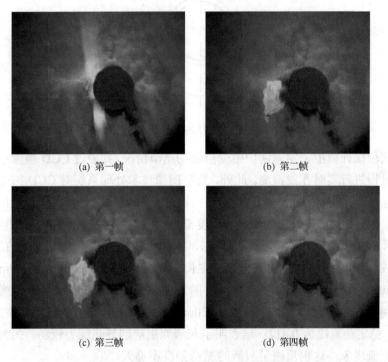

图 5.31　168.5min 时探针上的掉渣图片

为了简化计算，对于通过探针头部的热流密度，采用的是圆筒壁导热模型。灰渣在探针头部沉积的简化模型如图 5.32 所示。因此，通过探针头部的热流密度可以按式(5-67)计算得到：

$$q = \frac{\lambda(t_2 - t_1)}{r \ln\left(\dfrac{r_2}{r_1}\right)} \tag{5-67}$$

式中，λ 为沉积探针材料的导热系数；r 为沉积探针的半径；r_1 为从图 5.32 中的点 B 到探针圆心的距离；r_2 为从点 A 到探针圆心的距离；t_2 和 t_1 分别为探针外壁和内壁的温度。本书引参数热流比 q/q_0 来表示灰渣沉积对通过探针头部热流变化的影响，其中 q 表示通过探针头部的瞬时热流密度，q_0 表示探针最初的热流密度。本章中的结渣实验，探针头部的材料是碳钢，其导热系数为 48W/(m·K)。

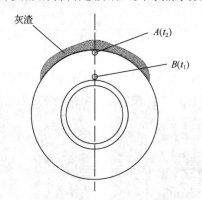

图 5.32　灰渣在探针头部沉积的简化模型

灰沉积探针模拟了实际锅炉中受热面的结渣情况，并通过 CCD 摄像系统对结渣的全过程进行实时在线检测。此外，数字图像技术处理系统对 CCD 拍摄的结渣图片进行处理并获得了灰渣生长的实时在线厚度，得出如下结论：①灰渣的横截面由三层层状结构组成。每层的颜色和硬度都不一样。各层的颜色和强度按以下顺序排列：第 3 层>第 2 层>第 1 层。颜色越深，其烧结程度也就越大。②灰渣的生长由 4 阶段组成。阶段 1～阶段 4 的灰渣厚度生长率分别为 0.036mm/min、0.169mm/min、0.039mm/min 和 0mm/min。同时，其各阶段的热流比减少量与灰渣厚度增加量的比值分别为 0.370mm^{-1}、0.033mm^{-1}、0.020mm^{-1} 和 0mm^{-1}。灰渣的稳定厚度为 8.2～8.3mm，稳定热流比为 0.412。这表明了灰渣原生层的导热能力较弱。另外，灰渣出现了掉渣现象，这也反映了灰渣的黏结强度不够大。

5.3.3　灰渣导热系数的在线测量

灰渣沉积于锅炉受热面上，严重影响了锅炉受热面的传热能力，继而降低了锅炉的热效率。因此，对灰渣的导热系数的研究至关重要。最近几年，国际上对灰渣导热系数方面的问题展开了一些研究[203-205]。灰渣的导热系数主要受三个影响因素控制，例如，沉积物的温度、沉积物的化学成分以及物理结构。然而，很少有研究关于在中试锅炉中产生的灰渣导热系数。另外，双色法被广泛地应用于非接触测量火焰温度领域[206,207]和炭黑温度[208,209]领域。但是，很少有研究能够通过在真实锅炉中用双色法来确定灰渣的表面温度。

准东煤作为一种典型的劣质褐煤被广泛应用于电厂中。它产于中国的新疆维吾尔自治区，具有高钠、高水、储量大的特征。但是，这种煤由于钠含量较高导致锅炉受热面严重的积灰和结渣问题。迄今为止，并没有发表有关准东煤灰渣导热系数的系统研究。

本章的目的是通过简化的双色法和数字图像技术确定准东煤在一维火焰炉中结渣的有效导热系数。在本章中，灰渣的厚度通过数字图像技术获得，而灰渣的表面温度是通过双色法确定的。这样灰渣的有效导热系数是结合灰渣厚度以及灰渣表面温度计算得出的。另外，灰渣的矿物质的分布通过 XRD (X-ray diffraction spectrometer，X 射线衍射仪)检测分析。最后，应用 SEM 观察灰渣的微观结构及利用 EDX 分析其相应的化学成分。

1. 灰渣表面温度测量原理

根据普朗克辐射定律，灰体的辐射强度可以按式(5-68)计算得到

$$E\left(\lambda,T\right)=\varepsilon_\lambda \frac{C_1}{\lambda^5\left[\exp\left(\dfrac{C_2}{\lambda T}\right)-1\right]} \tag{5-68}$$

式中，$E\left(\lambda,T\right)$ 为灰体的单色辐射能，$\mathrm{W\cdot m^{-2}\cdot \mu m^{-1}}$；$\lambda$ 为辐射波长，μm；T 为绝对温度，K；C_1 和 C_2 分别为第一和第二普朗克常量；ε_λ 为单色发射率。本章中涉及的波长范围为 380～760nm(可见光)。由于 $C_2/\lambda T \gg 1$，普朗克辐射定律可以被维恩定律所代替[210]：

$$E\left(\lambda,T\right)=\varepsilon_\lambda \frac{C_1}{\lambda^5}\exp\left(-\frac{C_2}{\lambda T}\right) \tag{5-69}$$

CCD 相机产生的灰渣图片可以被分解成 3 种主要的颜色信号：红色(R)、绿色(G)和蓝色(B)。这 3 种颜色信号的强度值可以根据普朗克辐射定律计算得到，以下为相应的计算公式：

$$
\begin{cases}
R(T) = S_R \varepsilon(\lambda_R, T) \dfrac{C_1}{\lambda_R^5} \exp\left(-\dfrac{C_2}{\lambda_R T}\right) \\[2ex]
G(T) = S_G \varepsilon(\lambda_G, T) \dfrac{C_1}{\lambda_G^5} \exp\left(-\dfrac{C_2}{\lambda_G T}\right) \\[2ex]
B(T) = S_B \varepsilon(\lambda_B, T) \dfrac{C_1}{\lambda_B^5} \exp\left(-\dfrac{C_2}{\lambda_B T}\right)
\end{cases}
\tag{5-70}
$$

式中，S_R、S_G 和 S_B 为设备常数。它们受很多因素影响，如观察距离、信号转换、镜头性能、气氛等。另外，$\varepsilon(\lambda_R, T)$、$\varepsilon(\lambda_G, T)$ 和 $\varepsilon(\lambda_B, T)$ 分别表示灰渣的红色、绿色和蓝色的发射率。

本书中认为灰渣是灰体。因此，灰渣的发射率和波长是相互独立的，即 $\varepsilon(\lambda_R, T) = \varepsilon(T)$，可用式 (5-71) 表达：

$$
\begin{cases}
\varepsilon(T) = \dfrac{R(T)}{R_b(T)} \\[2ex]
\varepsilon(T) = \dfrac{G(T)}{G_b(T)} \\[2ex]
\varepsilon(T) = \dfrac{B(T)}{B_b(T)}
\end{cases}
\tag{5-71}
$$

式中，R_b、G_b、B_b 表示黑体在已知温度下，通过 CCD 相机处理系统获得的红色、绿色和蓝色信号值。根据普朗克定律，R_b、G_b 和 B_b 可以根据式 (5-72) 计算得到

$$
\begin{cases}
R_b(T) = S_R \dfrac{C_1}{\lambda_R^5} \exp\left(-\dfrac{C_2}{\lambda_R T}\right) \\[2ex]
G_b(T) = S_G \dfrac{C_1}{\lambda_G^5} \exp\left(-\dfrac{C_2}{\lambda_G T}\right) \\[2ex]
B_b(T) = S_B \dfrac{C_1}{\lambda_B^5} \exp\left(-\dfrac{C_2}{\lambda_B T}\right)
\end{cases}
\tag{5-72}
$$

上述这三个参数可以很容易地通过对 CCD 摄像系统的标定实验得到，如图 5.33 所示。

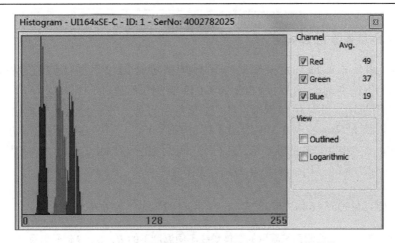

图 5.33　CCD 摄像系统获取的黑体炉 R、G、B 信号值

与此同时，R_b 和 T 之间的关系可以通过多项式函数来表达，如式(5-73)所示：

$$R_b(T) = \sum_{i=0}^{n} a_i T_i \tag{5-73}$$

根据式(5-73)，可以计算得到已知温度的灰渣发射率。另外，本书中选取红色和绿色作为特征信号，并重新组合式(5-72)得到如下表达式：

$$\frac{R(T)}{G(T)} = \frac{R_b(T)}{G_b(T)} = X_{RG}(T) \tag{5-74}$$

从式(5-74)中可以看出，特征参数 $X_{RG}(T)$ 在相同的温度下，其值是一定的。根据式(5-74)可以得到温度 T 和特征参数 $X_{RG}(T)$ 之间的多项关系式：

$$T = \sum_{i=0}^{M} b_i X_{RG}^i \tag{5-75}$$

由于 CCD 相机的传感器对红色和绿色信号具有更高的光谱敏感性，所以本书选取红色和绿色作为特征信号来计算灰渣的表面温度。

根据上述计算步骤，可以将灰渣表面温度的测量步骤归纳如下：

(1)设定好 CCD 摄像系统的各种参数，在这些固定参数下获取黑体炉的彩色照片，并根据得到的红色和绿色信号值确定多项式(5-73)和式(5-75)。

(2)在上述 CCD 相机的固定参数下，拍摄灰渣的生长图片。与此同时获得灰渣图片中的 R 和 G 值，并通过式(5-74)来确定特征参数 X_{RG}。

(3)根据式(5-75)以及步骤(2)中获得的特征参数 X_{RG} 计算出灰渣的表面温度。

2. CCD 摄像系统的标定

CCD 摄像系统的标定实验是在黑体炉中进行的。该黑体炉的温度范围是 773～1873K（精度为±1K）。表 5.2 为 CCD 监测系统在不同温度下，从黑体炉中拍摄的彩色图片，并从中获得 R、G、B 颜色信号值。本标定实验的 CCD 监测系统的曝光时间是 7ms。表 5.3 也给出了特征参数 X_{RG}。图 5.34 给出了温度 T 和特征参数 X_{RG} 之间的关系曲线，以及它们之间的拟合多项式。温度 T 和特征参数 X_{RG} 之间的关系可以用以下拟合多项式表达：

$$T = -1313.49055 + 6403.77022X_{RG} - 4792.10272X_{RG}^2 + 1099.71623X_{RG}^3 \qquad (5\text{-}76)$$

表 5.2　CCD 监测系统获取的黑体炉在不同温度下的 **R**、**G**、**B** 信号值及 X_{RG}

黑体炉温度/℃	红色(R)	绿色(G)	蓝色(B)	特征参数 X_{RG}
1120	25	14	10	1.7857
1130	29	17	11	1.7059
1140	31	19	12	1.6316
1150	34	21	14	1.61905
1160	39	24	15	1.6250
1170	43	27	17	1.5926
1180	48	30	18	1.6000
1190	53	34	21	1.5588
1200	59	38	23	1.5526
1210	66	43	25	1.5349
1220	72	48	28	1.5000
1230	80	54	31	1.4815
1240	87	60	34	1.4500
1250	96	66	38	1.4545
1260	105	73	41	1.4384
1270	116	82	46	1.4146
1280	130	93	52	1.3979
1290	141	103	58	1.3689
1300	151	111	62	1.3604
1310	165	124	69	1.3306
1320	180	137	77	1.3139
1330	196	151	85	1.2980
1340	211	165	93	1.2788
1350	229	182	104	1.2582

表 5.3 设定温度和计算温度的比较以及相应的误差

黑体炉温度/℃	计算值/℃	误差/℃
1120	1102.92	−17.08
1130	1124.59	−5.41
1140	1154.40	14.4
1150	1160.14	10.14
1160	1157.39	2.61
1170	1172.82	2.82
1180	1169.20	−10.8
1190	1189.92	−0.08
1200	1193.15	−6.85
1210	1202.55	−7.45
1220	1221.48	1.48
1230	1231.70	1.7
1240	1249.20	9.2
1250	1246.67	−3.33
1260	1255.68	−4.32
1270	1268.84	−1.16
1280	1278.07	−1.93
1290	1293.71	3.71
1300	1298.26	−1.74
1310	1313.68	3.68
1320	1322.08	2.08
1330	1329.79	−0.21
1340	1338.78	−1.22
1350	1347.93	−2.07

表 5.3 给出了设定温度和根据式(5-75)计算出的温度值。另外，两者之间的误差也列于表 5.3 中。从表中可以看出，设定温度和计算温度之间的误差范围为 −17.08~10.14℃。这个误差范围要远小于实际炉膛温度。因此，可以将这一测温方法用于中试实验中。

本小节涉及的结渣实验是在一维火焰炉中进行的。当第三级炉膛温度上升到 1270℃时，通过观火孔将灰沉积探针插入第三级炉膛正中心。同时在灰沉积探针对面的观火孔插入 CCD 测枪，开启摄像系统进行灰渣生长形态的在线监测。

由于 CCD 的相机帧率设为 3 帧/秒，所以实验过程中将产生很多灰渣图片。数字图像技术对 CCD 相机拍摄的视频采取的是每 5min 提取一张图片。图 5.35 为数字图像技术从记录视频中每隔 5min 提取的灰渣生长图片。

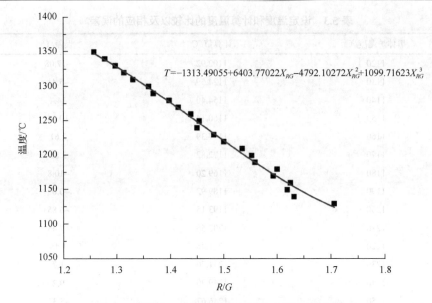

图 5.34 温度 T 与特征参数 X_{RG} 之间的关系曲线

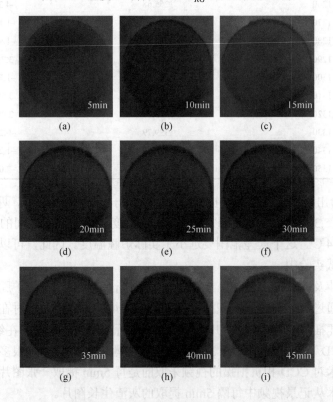

图 5.35　灰渣在前 60min 内的生长图片

　　利用双色法原理在线测量灰渣的表面温度以及数字图像技术在线测量灰渣的厚度。结合这两者对准东煤灰渣的平均有效导热系数进行了在线测量。以下是实验得到的结论：①灰渣的横截面结构呈现 3 层层状结构。从灰渣的厚度生长曲线可以看出灰渣的生长由 4 个阶段组成。在灰渣生长的初始阶段，通过探针的热流减少最大。这暗示了灰渣初始层的导热能力较弱。②灰渣的表面温度随灰渣生长逐渐升高，最后在 1255℃附近波动。与此同时，灰渣的平均有效导热系数随灰渣的厚度呈线性增长。

第6章 飞灰含碳量的在线测量

电厂锅炉运行过程中，燃料的机械不完全燃烧损失是第二大损失，仅次于排烟损失。影响机械不完全燃烧损失的主要因素是灰量和灰中残碳含量，灰量与燃料中灰分含量多少有关，灰残碳含量则与燃料性质、燃烧方式、炉膛结构、燃烧器形式、锅炉负荷以及运行操作水准有关[211]。对于电厂来说，灰残碳含量即飞灰含碳量是反映火力发电厂燃煤锅炉燃烧效率的一项重要指标，实时检测飞灰含碳量将有利于指导运行中正确调整风煤比，提高锅炉燃烧控制水平；合理控制飞灰含碳量的指标，有利于降低发电成本，提高机组运行的经济性。红外反射法在线测量飞灰含碳量，对提高电厂效益有着较为重要的意义。

飞灰含碳量直接表征燃烧的完全程度，通过未燃尽碳的在线测量，可以减少机械未完全燃烧热损失，提高锅炉效率。目前采用传统测量方法——烧重法[212-214]，也就是利用取样器在烟道中提取一定重量的飞灰样品，然后放入马弗炉中高温灼烧若干小时，然后利用燃烧前后的重量差来确定飞灰中的含碳量。测试需要的时间比较长，存在很大的时间延迟，得出结果的时间往往滞后4～6h，也很难实现在线测量。因此开发快速、准确、实时的飞灰含碳量测量方法对于监控锅炉运行是十分必要的。

近十多年，锅炉飞灰含碳量的测试方法有了很大发展。除了灼烧法，还出现了许多能够快速测定飞灰含碳量的新方法。其中有 γ 射线法[215]、电容法[216]、红外线法和微波法等新方法[217]。在这些新方法中，光学测量法测量时间短[218]，便于在线测量，可用于锅炉在线控制[219]。另外，由于微波法具有测试速度快、测试精度高和对环境无污染的优点，所以在国内燃煤锅炉中得到了广泛应用。在 20世纪 90 年代，微波测碳仪还被电力部门作为节能产品在全国电力系统推广使用。

6.1 国内外已有的测量方法

长久以来，为了能及时、准确地测量烟道中的飞灰含碳量，为锅炉的工况调整给出依据，人们一直在研究测量飞灰含碳量的方法，期望通过这些测量原理制成的仪器能够实时、快速、有效地反映飞灰含碳量的大小。下面将介绍现有的飞灰含碳量测量方法。

6.1.1　流化床 CO₂ 测量法

流化床 CO_2 测量法是通过向流化床燃烧室供给经调整的一定数量的空气，将飞灰中的碳燃烧成 CO_2，测量 CO_2 含量并据此计算出飞灰的含碳量。依据这种测量方法的主要产品有英国 Bristol Babcock Lid 公司的 Clgma 飞灰测碳仪。在 Clgma 飞灰测碳仪中，样品飞灰重量大约为 2.5g，测量时间约为 5min，测量精度为 0.5%。

该仪器使用的关键在于送入的空气量要十分精确，必须保证流化床燃烧室有严格的密封性，而在工程实践中这是很难保证的。同时，飞灰中的碳酸盐受热会分解出二氧化碳，这会进一步影响测量精度，故而应用该法的仪器测量精度很难再得到提高。

6.1.2　重量燃烧法

重量燃烧法是采集一定量的飞灰在高温下燃烧，按照燃烧前后的重量差求得飞灰的含碳量。该方法传统上是用于离线测量的，但美国 Rupprecht & Palash-nick Co.公司开发了一种在线监测的仪器，样品量大约是 35g，测量时间为 15min，测量精度大于 0.5%。最初的飞灰测碳技术就是采用这种原理，开始是离线式的，一般是一个班(8h)采样一次，分析滞后严重，难以及时反映锅炉燃烧工况。改为在线式后，分析速度有了很大提高，但还是需要 15min 左右。适当增加样品量可以提高测量精度，但测量速度难以提高。该方法的主要问题是分析滞后、实时性差，对锅炉运行难以提供有效、实时的运行指导意见。

而且用重量燃烧法测量飞灰含碳量时，烧失量往往与未燃尽碳含量之间存在较大误差[220,221]。烧失量通常会过高地预测未燃尽碳含量[222]，特别对于碳含量很低的情况，烧失量和未燃尽碳含量之间相关性更差[223]，这也在一定程度上影响了重量燃烧法测量飞灰含碳量的精确度。

6.1.3　放射法

该方法实际上是把飞灰看成由两类物质组分构成的混合物：一类是高原子序数物质(Si、Al、Fe、Ca、Mg 等)；另一类是低原子序数物质(C、H、O)。低能 γ 射线与物质相互作用的主要机理是光电效应和康普顿散射效应。当飞灰中含碳量低时，光电效应较强而康普顿散射效应较弱；反之，则光电效应较弱而康普顿散射效应较强。因此，通过核探测器记录的反散射 γ 射线强度的变化就可以测量出飞灰中的含碳量。黑龙江省科学院技术物理研究所进行了相关的技术开发，样品的实验测量精度小于 0.5%。

Styszko-Grochowiak[224]采用波长耗散 X 射线荧光法测量了煤和飞灰中的碳含量。

放射法是依靠光电效应和康普顿散射效应原理来工作的。如果灰的颗粒太大

(其颗粒大小上限与飞灰总质量吸收系数 μ 和样品密度 ρ 的关系是 $d_0=\ln2/(\mu\rho)$)就无法得出精确结果。同时由于灰中的碳颗粒偏大且密度较小(由于燃烧膨胀的原因),在灰样装入样品盒时碳颗粒会流向盒的四周,从而使测量值偏低。灰中的铁元素由于原子序数高、比重大而成为主要的干扰元素。因此灰的成分组成也会对测量精度有很大影响。γ 射线对人体有巨大的伤害性,即便使用的是低能量的 γ 射线,也必须有很好的保护装置来保证 γ 射线不会对环境造成危害。这使得设备的生产和维护成本上升,因而降低了测量仪器的经济性。

6.1.4　光声法

光照射到物质上时,与物质产生相互作用,物质吸收光能后,分子跃迁到激发态,在返回初始状态时,或者通过伴随发光的辐射跃迁过程,或者通过无辐射跃迁过程。无辐射跃迁部分的振动、转动能量是通过同其他分子碰撞,以热的形式散逸的。应用光声效应时,常设计一个密封的光声池,被检测的样品放在密封的光声池中。入射密封光声池的光具有一定的频率,在样品吸收点上就产生一个周期性的热分布,固体样品的热量扩散至样品表面,传导给周围的耦合气体,界面的气体在密闭的光声池里起到气体活塞作用,在光声池内产生压力波动,被微音器检测为光声信号。

光声法的激发能量可以来自光辐射如 He-Ne 激光或微波辐射[225]。光辐射对碳颗粒具有较大的吸收系数,但系数依赖于粒径;而微波激发对碳颗粒的吸收系数不依赖于粒径,但吸收系数较小。美国爱荷华州立大学采用 FTIR (Fourier transform infrared spectroscopy, 傅里叶变换红外光谱) 作为激发辐射测量飞灰含碳量[226-229],其原理是:试样位于光声池中,辐射进入试样中,进入的深度取决于试样的光学吸收系数。在整个深度范围内的材料在一定调制频率辐射下被加热和冷却。吸收的热量向试样外部传导,进入试样表面上部的一个气体薄层中,传热依赖于试样和气体的热物性。由于气体沿着未受热的气体方向发生膨胀和收缩,受热的气体层相当于一个热声活塞。这反过来引起周期性压力波动(声波),声波在光声池中传播。麦克风检测声波信号,传输到锁相放大器。信号是时间的函数。FT 将信号转换为频率的函数。

Rosencwaig 和 Gersho 创立了关于凝聚态物质中光声效应的基本理论。设光声信号值为 q,相位为 ϕ,表述如下:

$$q = C\left(\frac{1}{\rho_s C_{ps} k_s}\right)^{1/2}\left[\frac{(\beta\mu_s)^2}{(\beta\mu_s+1)^2+1}\right]^{1/2} \tag{6-1}$$

$$\phi = \arctan\left(1+\frac{2}{\beta\mu_s}\right) \tag{6-2}$$

$$C = \frac{I_0 \gamma P_0 k_g^{1/2}}{4\lambda T_0 \pi f (\rho_g C_{pg})^{1/2}} \tag{6-3}$$

式中，s、g 为固体和气体；I_0 为入射辐射强度；γ 为比热容系数；P_0 为气体压力；k_g、k_s 分别表示气体和固体的热传导系数；T_0 为气体温度；f 为辐射的调制频率；ρ 为密度；C_p 为比热容；β 为光学吸收系数；μ 为热试样的深度。

　　光声信号正比于辐射强度，反比于环境温度与气体池的体积，并依赖于试样和气体的热物性。由于存在未燃碳，飞灰是光的强吸收剂。试样产生的光声信号正比于 β，而 β 主要由试样的未燃碳确定。微波激发热声法测量飞灰含碳量[230]与 FTIR 光声效应测量飞灰含碳量方法类似。

6.1.5　微波吸收法

　　常见的微波测碳方法有如下几种。

　　(1)在一对喇叭天线之间放置一个薄层样品，当样品的特性改变时，传输波的强度也会相应改变，由此可测出样品的含碳量值。

　　(2)在一段波导中放入样品，当样品的介电常数不同时，其反射和传输波的强度也会改变，由此可以测出样品的含碳量值。

　　(3)在微波谐振腔内插入一根样品管，当材料不同时，谐振腔的谐振频率和谐振幅度随之改变，因而可以测出样品的含碳量值。

　　以上三种测量系统，都需用取样管取出灰样，将灰样放置于微波通道中，灰分中含碳量的变化引起电信号的变化。目前国内使用的很多测碳仪均采用这种取样式的方法。

　　国外还有测量衰减和相移的微波测碳仪。

6.1.6　介电常数测量飞灰含碳量

　　介电常数测量飞灰含碳量的原理：对于放在静电场中的材料，其介电常数满足[231]

$$\frac{\varepsilon_r - 1}{\varepsilon_r + 1} = \frac{1}{3\varepsilon_0} Na \tag{6-4}$$

式中，ε_r 为介电常数；ε_0 为自由空间的介电常数(8.85×10^{-12} F/m)；N 为单位体积原子个数；a 为原子的极化电。

　　上述方程要求电介质材料的密度是已知的，而飞灰单位体积原子个数是未知的，极化电也是未知的。方程还可写成

$$\frac{\varepsilon_r - 1}{\varepsilon_r + 2} = \frac{1}{3\varepsilon_0}(N_1 a_1 + N_2 a_2 + \cdots + N_i a_i) \tag{6-5}$$

式中，i 是电介质材料所含成分个数。

式(6-5)可用于确定极化电和飞灰中未燃碳与其他材料单位体积的原子个数。唯一需要知道的是含有不同百分比碳含量的飞灰试样的介电常数。使用一阶估计，假定飞灰仅由两种成分构成：未燃碳与其他元素，则式(6-5)变成

$$3\varepsilon_0 \frac{\varepsilon_r - 1}{\varepsilon_r + 2} = Na = [\beta N_{cc} a_{cc} + (1-\beta) N_{oc} a_{oc}] \tag{6-6}$$

式中，β 为飞灰试样中未燃碳与总原子的比值；N_{cc} 为飞灰试样中未燃碳单位体积原子个数；a_{cc} 为飞灰试样中未燃碳原子的极化电；N_{oc} 为飞灰试样中其他元素单位体积原子个数；a_{oc} 为飞灰式样中其他元素原子的极化电。式(6-6)可写为

$$\beta = \frac{3\varepsilon_0 \left(\dfrac{\varepsilon_r - 1}{\varepsilon_r + 2}\right) - N_{oc} a_{oc}}{N_{cc} a_{cc} - N_{oc} a_{oc}} \tag{6-7}$$

由该方程可知，已知飞灰式样的介电常数，可求出飞灰式样的未燃碳含量。

6.1.7　利用激光偏振比测量飞灰含碳量

Card 等[232,233]在研究煤粉在沉降炉中的燃烧时，发现光的偏振比与灰中碳含量存在简单的关系。

Ouazzane 等[234,235]详细研究了利用激光偏振比测量飞灰含碳量的技术，其原理是非球形颗粒会把偏振比引入散射光中。对于飞灰来说，这来源于两个因素：一是不规则表面的散射，由于灰类似于玻璃，内部结构存在多重散射；二是吸收的存在降低了偏振比，这是内部多重散射的减少导致的。

实验装置：从 Laser 2000 晶体激光器(50mW，532nm)发出的垂直偏振光通过由 M_1、M_2 形成的潜望镜。调整棱镜 L_1，使其焦距位于孔径光阑。在孔径光阑之后，散射光被棱镜 L_4 校准，通过一个 50∶1 消光比的偏振分光镜。两束偏振光聚焦在两个 PMT 上。偏振比定义为垂直于激光发射截面和平行于发射截面的后向散射信号的比值：

$$P = \frac{I_H}{I_V} \tag{6-8}$$

式中，I_H 为水平偏振光的强度；I_V 为垂直偏振光的强度。因此求出偏振比就可以

求出碳含量。

6.1.8　激光感生击穿光谱技术测量飞灰含碳量

其原理是：当一束高功率的脉冲激光光束集中照射到样品时，样品烧蚀成为高温等离子体，通过测量等离子体发射光谱的特征而得到样品性质的技术称为激光感生击穿光谱技术。通过测量等离子体发射光谱谱线对应的波长和强度就可以得到所测对象中的组成元素和其浓度大小。激光感生击穿光谱技术具有以下特点：可在非破坏和非接触条件下进行分析，无须取样和进行样品预处理，一次光谱可测量多种组分，测量对象可以是固体、液体，也可以是气体，具有高检测灵敏度[236-238]。

一束光聚焦到一个小面积上，产生热等离子体。等离子体材料开始气化，材料每种元素都会发出特有波长的光。假定等离子体温度均匀，原子化组分发出的发射强度：

$$I_i = A_i n_i \sum_j \left\{ g_i^{(j)} \exp\left[-\frac{E_i^{(j)}}{kT} \right] \right\} \tag{6-9}$$

式中，I_i 为组分 i 的发射强度，J/s；A_i 为与组分 i 有关的一个变量，J·m³·s⁻¹；$g_i^{(j)}$ 为组分 i 在上能级 j 的统计重量；$E_i^{(j)}$ 为组分的上能级能量，J；k 为玻尔兹曼常量，J/K；T 为等离子体温度，K。

未燃碳含量可通过式(6-10)计算：

$$\mathrm{ubc} = \frac{\alpha_c I_c / I_{Si}}{1 + \alpha_c I_c / I_{Si} + \alpha_{Al} I_{Al} / I_{Si} + \alpha_{Fe} I_{Fe} / I_{Si} + \alpha_{Ca} I_{Ca} / I_{Si}} \tag{6-10}$$

α_i 是与组分 i 有关的变量，含有等离子体温度和压力校正系数。

$$\alpha_i = K_i (I_{1_{j_1}} / I_{2_{j_1}})^{b_1} (I_{1_{j_2}} / I_{2_{j_2}})^{b_2} \tag{6-11}$$

式中，K_i、b_i 为组分 i 的校正系数；I_{1j_1} 为组分 j_1 上能级 1 发射强度；I_{2j_1} 为组分 j_1 上能级 2 发射强度；b_1 为发射对 $(I_{1j_1}I_{2j_1})$ 的校正系数；$(I_{1j_1}/I_{2j_1})^{b_1}$ 为等离子温度校正系数。

发射强度 I_i 是等离子体温度的函数，每种元素的发射强度比随着等离子体温度而变化，这样容易引入误差。

$$\frac{I_i^{(1)}}{I_i^{(2)}} = \frac{g_i^{(1)}}{g_i^{(2)}} \exp\left[-\frac{E_i^{(1)} - E_i^{(2)}}{kT} \right] \tag{6-12}$$

式中，$I_i^{(1)}$ 和 $I_i^{(2)}$ 分别为同一原子的两种原子光谱线。

如果 $g_i^{(1)}$ 和 $g_i^{(2)}$ 已知，等离子体温度 T 可通过 $\dfrac{I_i^{(1)}}{I_i^{(2)}}$ 测量值来确定。

LIBS(laser induced breakdown spectroscopy，激光诱导击穿光谱学)过程产生的等离子体是不均匀的，测试条件下，必须确定校正系数，含有参数如激光强度、压力与气体组分。

Si、Al、Fe、Ca、C、Mg 处于 240～340nm 波段，这些信号用于校正组分浓度和等离子体状态。C/Si 和 Fe/Si 由高分辨率光谱确定，Al/Si 和 Ca/Si 由广范围光谱确定。根据 Al/Si、Fe/Si、Ca/Si、C/Si 的系数来计算飞灰含碳量。Mg_1 和 Mg_2 强度比用于校正等离子体温度。

6.2　红外方法

6.2.1　红外测量法

红外测量法是利用红外线对飞灰中颗粒反射率不同的原理进行测量，按事先标定的反射率直接得出测量结果。在丹麦、荷兰、英国有多家公司有此类产品，测量时间大约为 3min，测量精度为 0.5%左右。这里又可以分为扩散反射率法和红外发射光谱法两种。

1. 扩散反射率法

扩散反射率法[239]的原理：飞灰是一种灰色粉末，它的反射率与碳含量具有粗略的指示关系。然而飞灰也含有黑色的氧化铁颗粒，这大大影响了反射率。为了消除氧化铁的影响，对其表面进行研磨。因为氧化铁与其他金属氧化物和氧化硅比碳颗粒硬得多，所以在研磨过程中，只有碳颗粒的尺寸会减小。对于飞灰中一定浓度的碳颗粒来说，大量却更小的颗粒有着更大的吸收表面。因此，在研磨过程中，飞灰试样的反射率降低。不同碳含量试样的二极管电流随研磨过程的进行发生变化。反射率的降低是试样碳含量很好的指示剂。飞灰的碳含量可从反射率的绝对值和研磨前后的反射率的差值中推算出来。基于扩散反射率法的测量系统中，光学传感单元由 1 个光源(高效 LED，波长为 660nm)和 6 个光电二极管构成，其中 5 个光电二极管用于测量飞灰表面反射的光强度，另外一个充当参考，测量光源 LED 发射的光强度。

粉末扩散反射性理论：非均匀介质的扩散发射率取决于介质不均匀性尺寸与光波长的比较。存在两个极端的例子：第一，非均匀尺寸要比光波长小得多，这种情况下，介质可利用有效电介质函数描述。第二，非均匀尺寸比光学波长大得多，在这种情况下，发生多重散射，光波在介质中变得不相关；因此介质的光学属性只能通过强度流的知识来计算。这种情况下，类似于电子运动的玻尔兹曼方程，传递理论可用于描述强度流。这个概念基于辐射传递方程的解。在数值处理上，把整个 4π 的空间分成 n 个离散的方向，每个方向代表一部分空间立体角。然后，介质中的强度流和介质的反射率可通过 n 个耦合的偏微分方程组来描述，然后进行数值求解。

如果把方向分成向上和向下两个方向，辐射方程概念变成了著名的 Kubelka-Munk 定律，整个理论引入两个常数，介质的吸收系数 K 和后向散射系数 S。通过两个耦合的偏微分方程，无限厚试样的扩散发射率 R 可由下式计算：

$$\frac{K}{S} = \frac{(1-R)^2}{2R} \tag{6-13}$$

$$R = \frac{S}{S + K + \sqrt{K(K+2S)}} \tag{6-14}$$

研磨前的反射率为

$$R_1 = \frac{1 - \sqrt{1 - X_1^2}}{X_1} \tag{6-15}$$

研磨后的反射率为

$$R_2 = \frac{1 - \sqrt{1 - X_2^2}}{X_2} \tag{6-16}$$

X_1 和 X_2 分别为研磨开始和结束时一层的总散射能力。X_1 可计算为

$$X_1 = 1 - A = 1 - \frac{2\alpha}{1+\alpha} = \frac{1-\alpha}{1+\alpha} \tag{6-17}$$

为了计算 X_2，引入常数 Ω，用于描述颗粒尺寸减小的实际程度。由下列条件定义：

(1) 施加到飞灰试样的压力。

(2) 测量圆筒旋转运动的角度 (angle of the twisting movements)。

(3) 测量圆筒螺旋数目 (number of twists)。

$$X_2 = \frac{1-\alpha}{1+\Omega\alpha} \tag{6-18}$$

模拟试样中氧化铁含量：设氧化铁含量为 F (包含其他与氧化铁类似的物质)，碳含量为 C。

则

$$\alpha = C + F, \qquad 0 \leqslant C + F \leqslant 1$$

最后得

$$R_1 = \frac{1 - \left[1 - \left(\dfrac{1-C'}{1+C'}\right)^2 \left(\dfrac{1-F}{1+F}\right)^2\right]^{1/2}}{\left(\dfrac{1-C'}{1+C'}\right)\left(\dfrac{1-F}{1+F}\right)} \tag{6-19}$$

$$R_2 = \frac{1 - \left[1 - \left(\dfrac{1-C'}{1+\Omega C'}\right)^2 \left(\dfrac{1-F}{1+F}\right)^2\right]^{1/2}}{\left(\dfrac{1-C'}{1+\Omega C'}\right)\left(\dfrac{1-F}{1+F}\right)} \tag{6-20}$$

式中，研磨后的碳含量为

$$C' = \frac{C}{1 - FC - F^2} \tag{6-21}$$

扩散发射率 R 与总散射能力 X 的通式为

$$R = \frac{1 - 1\sqrt{1-X^2}}{X} \tag{6-22}$$

变为

$$X = \frac{2R}{1+R^2} \tag{6-23}$$

最后得到各参数如下。

氧化铁含量：

$$F = \frac{1-Z}{1+Z} \tag{6-24}$$

体积碳含量：

$$C = C' \frac{1-F^2}{1+C'F} = C_{\text{vol}} \tag{6-25}$$

质量碳含量：

$$C_{mass} = \frac{C_{vol}}{1.3 + F + 0.3C_{vol}}$$ (6-26)

式中

$$\frac{2R_1(1+C')}{(1+R_1^2)(1-C')} = \frac{1-F}{1+F} = Z$$

$$C' = \frac{R_2(1+R_1^2) - R_1(1+R_2^2)}{R_1(1+R_2^2) - \Omega R_2(1+R_1^2)}$$

因此，输入 R_2、D_{REAL}、$D=D_{MODEL}=D_{REAL}-0.014R_2$、$R_1=R_2+D$，计算出 C'、Z、F 以及体积碳含量 C 或质量碳含量 C_{mass}。这种测量方法无须对煤种进行标定，也不需要知道灰样品的密度[240]。

2. 红外发射光谱法

基于红外发射光谱仪在线测量飞灰含碳量[241]的原理：含碳量低的灰与含碳量高的灰有不同的光谱发射率。碳和纯灰在长波红外区，即波长大于 10μm 的区域都是强吸收剂，因此低碳灰和高碳灰都有高的发射率。然而，在小于 4μm 的波长区，纯灰是弱吸收剂，碳是强吸收剂，因此，只有高碳灰才是高发射率。于是，飞灰在长波段的辐射（热发射）代表着视线中所有物质即碳与灰，而波长小于 4μm 的辐射仅代表视线中的碳。因此，通过测量飞灰在选定的短波长和长波长处的辐射比 $R(\text{short})/R(\text{long})$，可以建立碳浓度与 $R(\text{short})/R(\text{long})$ 的关系式。

使用红外光谱发射仪，同时测量透明和不透明试样的温度和光谱发射率。其原理为

$$1 = \alpha(\lambda) + \rho(\lambda) + \tau(\lambda)$$ (6-27)

根据基尔霍夫定律变换可得

$$\varepsilon(\lambda) = \alpha(\lambda) = 1 - \rho(\lambda) - \tau(\lambda)$$ (6-28)

式 (6-28) 通过测量反射率和透过率，可以确定发射率。下一步是利用发射率和测量的辐射确定试样温度。发射率 $\varepsilon(\lambda)$ 定义为发射光相对于黑体辐射的分数：

$$\varepsilon(\lambda) = \frac{R(\lambda, T)}{R_b(\lambda, T)}$$ (6-29)

$$R_b(\lambda, T) = \frac{R(\lambda, T)}{\varepsilon(\lambda)} = R_n(\lambda, T)$$ (6-30)

很明显，试样辐射除以发射率应该等于对应试样温度的黑体曲线。式(6-30)的右边定义为归一化的辐射 $R_n(\lambda, T)$。

因此，一旦光谱发射率已知，试样温度可以这样确定：拟合黑体曲线到归一化辐射找到最适合式(6-30)的黑体温度。

试样和扩散黑体源放在半椭球的焦点上。一个马达定位孔径和黑体源前面放着一个冷的黑体罩。对于辐射测量，黑体罩阻止黑体源，辐射通过半椭球反射器的小孔收集，直达 Bomem MB－series FT-IR 光谱仪。辐射光谱 $R(v, T)$ 通过减去背景辐射，并归一化到仪器响应函数(测量黑体)。对于反射率测量，试样被黑体源照亮，光通过漫反射和镜反射穿过小孔直达光谱仪。投射测量与反射测量类似。测量示意图如图 6.1 所示。

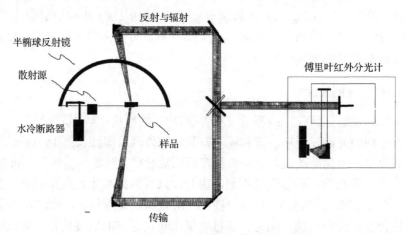

图 6.1　测量示意图

反射光谱 $\rho(v)$ 的计算，先减去辐射，然后把反射强度与由理想反射器(金)反射的强度做比值。透射光谱 $\tau(v)$ 的计算，先减去辐射，然后与没有试样情况下的透射强度求比值。

为了消除视线中飞灰负荷的影响，采用波数在 $2500\mathrm{cm}^{-1}$ 和 $1000\mathrm{cm}^{-1}$ 处的比值：

$$\frac{\varepsilon(2500)}{\varepsilon(1000)} = \frac{R(2500,T) / R(1000,T)}{R_b(2500,T) / R_b(1000,T)} \tag{6-31}$$

6.2.2　红外光源法

红外测量法具有仪器简单经济、测定时间快、可连续监测的优点，但是在使用红外测量法前需用已知灰样进行标定，获得对应的红外反射率与飞灰含碳量的关系曲线，将其作为标准曲线标定测试样本。另外，飞灰颗粒不均匀、煤种、灰成分对其测量的准确性影响较大。因此，考虑到光学测量方法具有快速、精确、非接触的特点，可以利用红外光源结合红外反射法改善煤种适应性差、标定过程耗费时间等缺点。

Waller 等[242]使用二极管产生红外线，结合反射测量法对 24 种飞灰的含碳量进行了检测，结果发现光学信号与含碳量之间存在明显的线性关系。在 Waller 等的基础上，Fan 等[243]使用红外光源配合光强检测系统对飞灰含碳量进行了测量，实验装置如图 6.2 所示。他们比较了颗粒粒径、灰样成分、测量环境等因素对于测量准确性的影响，其中温度对于测量精度的影响较为突出，并指出采用不易被碳和大部分矿物吸收的辐射光源可以进一步减少测量误差，通过使用波长大于热扩散长度的光源提高精度。而 Golas 等[244]提出利用飞灰中碳与其他物质对光源的反射率不同进行检测，并建议使用红外光源。

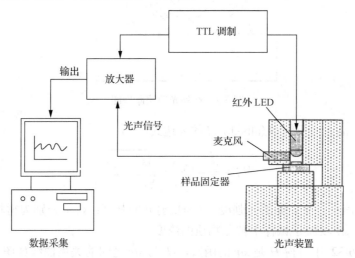

图 6.2　使用光学方法测量飞灰含碳量的实验装置简图[223]

1. 红外光源法原理

使用红外光源照射飞灰，然后检测红外光的反射光强大小，并进行反射率等分析，从而得出反射率与飞灰含碳量的关系，实现飞灰含碳量的在线监测，这就是红外光源法。在使用红外光研究飞灰含碳量问题时，可以将单个粒子与多个粒子的光照辐射问题结合考虑。单个粒子辐射问题可以归结为一束平面电磁波投射到一定形状、尺寸的球形粒子上。实际粒子既不是球形也不是均质，但是粒子所处方位的随机性，使粒子呈现球形的某些特性，因此，粒子的球形假设是可行的。粒子辐射行为的特殊性表现为对能量的散射。即粒子不仅吸收辐射能量，同时也会改变辐射能量的传递方向，而且这种方向的改变规律是复杂的。在实际应用中，通常遇到的都不是单个粒子，而是由多个粒子组成的粒子系。粒子系辐射特性的基础是单个粒子的辐射特性，在此基础上考虑粒子间的相互作用、粒子浓度及粒径分布[245,246]等影响。

　　红外光源法的具体原理如图 6.3 所示，光 a 照到样品 e 的表面上，发生镜面反射 c 的同时，一部分光进入样品内部，此间光在样品内部经过了吸收、多次反射等过程再次到达样品表面，并向各个方向发散。散射光被与入射光成 45°角的光强计 d 接收[225]。

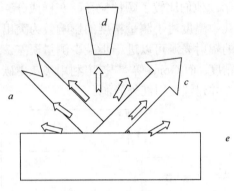

图 6.3　红外光源法原理图

　　根据样品表面反射率(albedo) H 的表达式：

$$H_\infty = \frac{J}{I} = 1 + \frac{s}{r} - \sqrt{\frac{s^2}{r^2} + 2\frac{s}{r}} \tag{6-32}$$

式中，I 为落在样品表面的光强度；J 为反射光的强度；s、r 分别为材料的吸收与散射常数，s/r 反映了试样中被测物质的浓度。

　　从式(6-32)中可得 H 是 s/r 的函数，H_∞ 与 s/r 之间的关系曲线如图 6.4 所示，当 s/r 的值变化较小时，$H(s/r)$ 有较大变化。这一变化趋势可以用来确定样品中含量较低的物质的浓度，同样也可以用来确定飞灰中的碳含量。

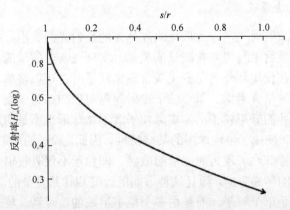

图 6.4　试样中被测物质的浓度 s/r 与表面反射率 H_∞ 之间的关系曲线[225]

2. 红外光源法的实验研究

在利用红外光源法测量飞灰含碳量方面，浙江大学周昊教授的团队做了较多的研究[247,248]。他们通过大量文献调研与实验研究，搭建了红外光源法飞灰含碳量测量的实验台架，并进行了一系列的实验，改进了光强比的测量方法，研究了飞灰的各种特性对红外测量法的影响以及对煤种和复杂外部条件的适应性。针对飞灰含碳量的测量搭建了两种类型的实验台架，如图 6.5 所示，主要包括固定飞灰和流动飞灰的测量系统。

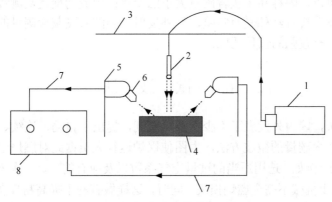

(a) 固定飞灰的测量系统

1-红外单色激光光源；2-传输光纤；3-高度调节器；4-样品瓷舟；
5-角度调节器；6-探测器；7-多模光纤；8-光强计

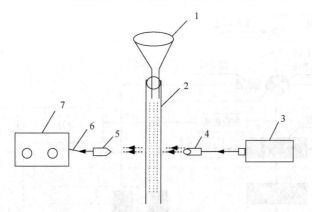

(b) 流动飞灰的测量系统

1-漏斗；2-石英管；3-红外激光发射器；4-传输光纤；
5-探测器；6-多模光纤；7-光强计

图 6.5　飞灰含碳量的红外光源测量系统[225]

　　周昊等通过实验研究了制样厚度对红外反射光强大小的影响[229]、探测器与光源传输光纤间的测量夹角对测得红外反射光强大小的影响、飞灰粒径对红外反射光强大小的影响，指出对于单个样品来说，在飞灰含碳量基本接近的情况下，飞灰粒径可以影响接收到的光强大小。飞灰粒径越小，被飞灰吸收的光比较多，反射光强就小。即在飞灰含碳量近似相同的情况下，粒径与样品红外反射光强成正比关系。在此基础上，他们对流动飞灰进行了进一步的实验研究，验证了红外反射光强与飞灰含碳量之间关系，并讨论了影响红外反射光强大小的因素。实验结果指出，当飞灰处于流动状态下进行红外光照实验时，红外反射光强与飞灰含碳量成反比，可以反映样品飞灰含碳量大小的变化；用流动型飞灰测量台架对不同煤种产生的飞灰进行红外光照实验，红外反射光强随着飞灰含碳量的增加而衰减的趋势不变，有较强的煤种适应性。

6.3　微　波　法

　　近十年来，国内外发表了不少文章和专利，提出了自动、连续、快速和准确测量锅炉飞灰含碳量的微波方法，力图使锅炉运行人员据此对燃烧过程进行及时的调整和控制(例如，选用适当的过量空气系数以及应有的一、二次风风速和风量比)来尽量减少机械不完全燃烧损失。同时，这样做有利于提高粉煤灰的品位，促进粉煤灰的商品化。

　　目前国内外采用较多的是微波方法，对飞灰含碳量连续实时测量的原理图如图 6.6 所示，其过程如下。

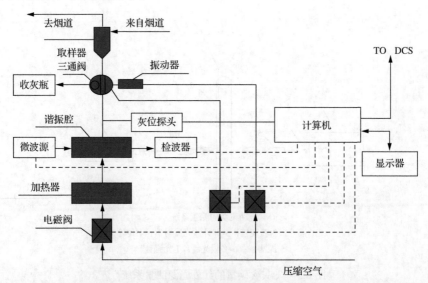

图 6.6　微波衰减法在线测量系统图

　　在电除尘器前的烟道中插入采样头。将含飞灰的烟流抽出一部分，经分离后将灰样引入测量腔(也称灰样室)，并按预定的时间(如 1～3min)接受微波辐射，这时，可测量灰样吸收的微波能量或谐振波幅，再通过计算进一步求出灰样中含有未燃烧碳的百分数，同时将灰样排出测量腔，使其进入下游的烟道中，然后再开始新的测量循环。

　　根据燃煤锅炉飞灰含碳量，微波测试系统的工作方式通常可以分成两种类型。一种是传统的带有飞灰取样装置的微波测碳仪，另外一种是最近出现的没有取样装置的烟道内置式微波测碳仪。

　　带有飞灰取样装置的微波测碳仪是国内生产和使用较多的燃煤锅炉飞灰含碳量微波测试系统。1986 年，西安无线电一厂陈中信等研制了国内第一台带有飞灰取样装置的 WCT-1 微波测碳仪[249]。其后，江苏省扬中微波仪器厂生产了 WCT-2 型微波测碳仪，深圳市赛达力电力设备有限公司生产了 MCM 型微波测碳仪，四川电力高新技术开发推广中心生产的 SCD-3 型微波测碳仪，江西萍乡锅炉辅机设备厂[249]生产了 CTY-G 型锅炉飞灰自动测碳仪，镇江微波仪器厂[249]生产了 MFAM-3 型锅炉飞灰含碳量在线监测系统，南京大陆中电科技股份有限公司生产了 WBA 型电站锅炉飞灰含碳量在线检测装置。其中，WCT-2 型微波测碳仪是生产数量最多、安装使用最多的燃煤锅炉飞灰含碳量微波测试系统。

　　早期微波测碳仪存在的主要问题是堵灰和测量准确性不高。解决堵灰比较常见的方法主要有采用电磁振动、加伴热带提高灰样温度。这两种措施几乎在所有的微波测碳仪中都被采用了。但是，堵灰现象仍然时有发生，并不能根除。1993 年 Anon[250]提出了一种烟道内置式飞灰含碳量测试系统，彻底解决了微波测碳仪的堵灰问题。该系统是谐振式测试系统。馈入的微波信号在发射和接收天线之间振荡，在输出端测量微波信号的频率和 Q 值。通过标定确定一个与烟气密度无关的量。该量只与烟气的含碳量有关，而与烟气密度无关。利用数字处理电路后，得到烟气中飞灰的含碳量值。由于该装置的传感器全部放置在烟道中，没有常规微波测碳仪的灰路。因此，它也就彻底解决了过去测碳仪的堵灰问题。

　　这种结构的微波测碳仪出现以后，立刻受到了国内同行的关注。1999 年马永和等[251]发表了他们的研究成果。他们利用衰减法建立了烟道内置式飞灰含碳量测试系统，如图 6.7 所示。该系采用无灰路直接测试的方法，即以预选的烟道断面作为测试对象，以烟道内流动的携带飞灰的烟气流作为测试样品，将微波传感器装在烟道壁上，烟道内飞灰含碳量的变化导致微波传输能量的衰减，达到飞灰含碳量的测试目的。如图 6.8 所示，振荡器产生的微波进入定向耦合器后，先分出一部分微波能量进入检波器，检波放大后作为监视信号接入单片机进行计算处理。其余微波能量交给发射喇叭天线，穿过烟道中的烟气流到达接收天线。经过检波放大以后，该信号作为测量信号也被送到单片机进行计算处理。该系统工作在 X 波段。发射和接收都使用喇叭天线。

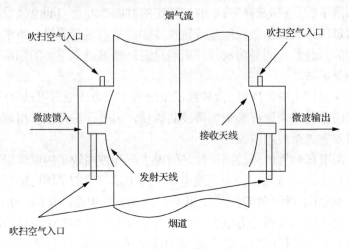

图 6.7　烟道内置式飞灰含碳量测试系统示意图

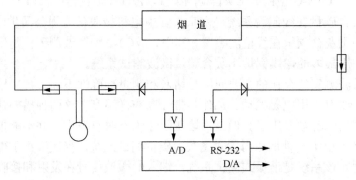

图 6.8　测量烟道中飞灰含碳量的系统框图

6.3.1　基本原理

在电站锅炉燃烧过程中，影响飞灰含碳量的主要因素有燃料的性质、煤粉细度、锅炉负荷、过量空气系数、配风方式、炉内空气动力场等。在线测量飞灰含碳量时，测量系统的信号对应烟道内测量空间碳的总量。碳的总量与测量空间的大小、测量空间飞灰浓度以及飞灰含碳量都有关系，锅炉调整运行工况或煤质变化时，飞灰含碳量和飞灰浓度将变化，从而引起碳的总量的变化。

在线测量飞灰含碳量时，需要知道飞灰浓度，通常情况下气固相混合物的测量方法如下。

浓相气固混合物中固相浓度的测量方法通常有以下 3 种。

(1)差压法：利用混合物的密度差进行测量。

(2)热容法：根据热平衡原理，以一定的功率加热混合物，进口和出口之间有一个温度变化。灰和空气的比热容已知，则可以计算出飞灰浓度。

(3)电容法：让混合物通过一个电容器，通过测量电容值，计算出飞灰浓度。

稀相混合物中固相浓度的测量方法通常有以下 3 种。

(1)过滤法：做一个孔眼很小的筛子，使灰无法通过，定容抽出气体，剩余的灰就相当于被过滤了，测量灰的质量，就可以计算出飞灰浓度。

(2)光照法：用光照射稀相混合物，飞灰浓度不同，光的透射率也不同，通过光的强度变化可以测出飞灰浓度。

(3)溶胶法：稀相混合物相当于气溶胶，可以通过气溶胶的特性测量。

利用微波方法测试燃煤锅炉飞灰含碳量是基于煤炭中的碳在高温(约为 900℃)、缺氧环境下变成具有高电导率的碳粒子，这些碳粒子在电场中产生极化效应的原理。通常，碳粒子的数量在飞灰中间占少数。周围的粒子导电性能很差。当有外界电场作用于含有碳粒子的飞灰时，在电场的作用下灰中的碳粒子被极化并形成宏观偶极子。这些偶极子使飞灰的等效介电常数和介质损耗迅速增加。同样，利用飞灰中碳粒子的这种特性也可以测量飞灰的含碳量。

在正常燃烧条件下，飞灰中碳粒子所占的比例很小，根据煤种和锅炉类型不同，飞灰中的碳含量可以从百分之几到百分之十几(重量比)变化。煤中不能燃烧的固体粒子主要由含有硅铝质、铁质和钙质氧化物的细小颗粒组成。燃烧后残留的碳粒子多数为空心状或多孔状微粒，少数表现为碎屑状。燃烧后残留碳粒子的形状与煤炭种类、燃烧前煤粉粒子大小和燃烧温度等因素密切相关。燃烧以后，其他固体粒子的形状多数为球形玻璃质粒子。在微波波段，飞灰中除碳粒子以外，不同成分的其他固体粒子的介电常数和损耗虽然有一些差别，但是差别不大。而碳粒子的介电常数和损耗远高于其他固体粒子的介电常数和损耗。虽然，在飞灰中碳粒子所占的体积比较小，但由于它的介电常数和损耗远高于其他固体粒子，所以当飞灰中碳的含量发生变化时，飞灰的等效介电常数将随飞灰中碳粒子含量的变化而明显改变。这就是利用微波测量飞灰含碳量的理论基础。

当无定形的煤炭颗粒在炉膛中经历高温时，未完全燃烧的无定形碳会转化成石墨碳，而石墨碳的电导率 $\sigma \neq 0$，当其中存在微波场时，石墨微粒在微波的照射下就会产生感应电流，主要表现为对电场功率密度的损耗，其复介电常数为 $\varepsilon_c = \varepsilon' - i\varepsilon''$，式中 $\varepsilon' = \varepsilon = \varepsilon_r \varepsilon_0$，是介质的介电常数，与介质的电导率有关。比值 $\dfrac{\varepsilon''}{\varepsilon'}$ 表征介质中传导电流与位移电流的振幅之比，即 $\dfrac{\varepsilon''}{\varepsilon'} = \dfrac{\sigma}{\omega\varepsilon} = \tan\delta_c$，称为损耗正切，它是导电介质中热损耗的一种量度。$\delta_c$ 称为损耗正切角。

此时电磁波的麦克斯韦方程组为

$$\nabla \times H = j\omega\varepsilon_c E, \quad \nabla \times E = -j\omega\mu H \tag{6-33}$$

$$\nabla \cdot H = 0, \quad \nabla \cdot E = 0 \tag{6-34}$$

由上面的方程组，可以推导出导电介质中的齐次亥姆霍兹方程：

$$\nabla^2 E + \omega^2 \mu \varepsilon_c E = 0 \tag{6-35}$$

$$\nabla^2 H + \omega^2 \mu \varepsilon_c H = 0 \tag{6-36}$$

从而可以得到 z 沿正向传播的波的电场解为

$$E(z) = e_x E_x = e_x E_{xm} e^{-\gamma z} = e_x E_{xm} e^{-\alpha z} e^{-j\beta z} \tag{6-37}$$

式中，$\gamma = \alpha + j\beta$ 为传播常数，α 和 β 分别为其实部和虚部，二者均为实数。其中，$e^{-\alpha z}$ 表征波的振幅衰减特性，α 称为振幅衰减常数；$e^{-j\beta z}$ 表征波传播单位距离的相移量，β 称为相位常数。得出对应的电场瞬时值形式为

$$H(z,\ t) = R_e\left[E(z)e^{j\alpha t}\right] = R_e\left(e_x E_{xm} e^{-\alpha z} e^{-j\beta z} e^{j\alpha t}\right)$$
$$= e_x E_{xm} e^{-\alpha z} \cos\left(\omega t - \beta t\right) \tag{6-38}$$

与电场相对应的磁场的瞬时值形式为

$$H(z,\ t) = R_e\left[H(z)\ e^{j\alpha t}\right] = R_e\left[e_y \frac{1}{|\eta_c|} E_{xm} e^{-\alpha z} e^{-j(\beta z + \varphi)} e^{j\omega t}\right]$$
$$= e_y \frac{E_{xm}}{|\eta_c|} e^{-\alpha z} \cos\left(\omega t - \beta t - \varphi\right) \tag{6-39}$$

式中，$\eta = \sqrt{\dfrac{\mu}{\varepsilon_c}} = \sqrt{\dfrac{\mu}{\varepsilon - j\dfrac{\sigma}{\omega}}} = |\eta_c| e^{j\varphi}$，称为介质的本征阻抗。$\varphi$ 为在导电介质中，空间同一位置电场和磁场之间存在的相位差。介质中的平均功率密度为

$$S_{平均} = 0.5 R_e\left[E(z) \times H^*(z)\right] = 0.5 e_z \frac{E_{xm}^2}{|\eta_c|} e^{-2\alpha z} \cos\varphi \tag{6-40}$$

可见，由于介质的电导率 $\sigma \neq 0$，而引入衰减常数 $\alpha \neq 0$，使得波传播过程中伴随着电磁能量的损耗，主要表现为电磁场量振幅的不断减小。

在含石墨的灰分固体介质中的电磁波存在损耗，也就是电磁能量的减少。在传播常数中：

$$\gamma^2 = (\alpha + j\beta)^2 = (\alpha^2 - \beta^2) + j2\alpha\beta = -\omega^2 \mu\left(\varepsilon - j\frac{\sigma}{\omega}\right) \tag{6-41}$$

由其可以得出

$$\alpha = \omega\sqrt{\frac{\mu\varepsilon}{2}\left[\sqrt{1+\left(\frac{\sigma}{\omega\varepsilon}\right)^2}-1\right]}, \quad \beta = \omega\sqrt{\frac{\mu\varepsilon}{2}\left[\sqrt{1+\left(\frac{\sigma}{\omega\varepsilon}\right)^2}+1\right]} \quad (6\text{-}42)$$

所以，衰减常数 α 和相位常数 β 不仅与介质的参数 ε、μ、σ 有关，还与微波的频率有关。

不同含碳量的飞灰，其 ε、σ 不同，微波在含碳飞灰中传输时，其幅度和相位的变化都与飞灰含碳量有关。通过测量微波通过飞灰前后的相位变化，也可测量出飞灰中的碳含量。

微波飞灰含碳量测试系统的特点如下。

(1) 无须取样和称重等过程，不会延时，工作量小，能够在线监测飞灰含碳量。

(2) 以整个烟道中流动的飞灰作为测量对象，没有取样器，避免了堵灰问题。

(3) 测量系统简单可靠，没有复杂的附加设备，没有系统维护工作。

(4) 测量系统布置方式灵活，安装方便，对烟道中的烟气流动没有影响。

(5) 测量系统体积小、能耗低。

6.3.2　微波法系统介绍

带有飞灰取样装置的微波测碳仪是国内生产和使用较多的微波测试系统，但是它始终无法很好地解决堵灰的问题。陈雪平等为此提出了一种烟道内置式飞灰含碳量测试系统，它没有常规微波测碳仪的回路。主要由微波系统、数据采集电路与主控计算机组成，如图 6.9 所示。

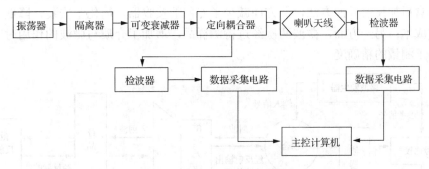

图 6.9　微波飞灰测碳仪系统图

微波发射单元由振荡器、隔离器、可变衰减器、定向耦合器、检波器和发射天线几部分组成，如图 6.10 所示。振荡器产生的微波信号由定向耦合器分为两路信号：一路信号经检波器后作为参考通道输出信号，用于系统测量飞灰含碳量的参考信号；另一路信号经由发射天线到被测烟道空间。

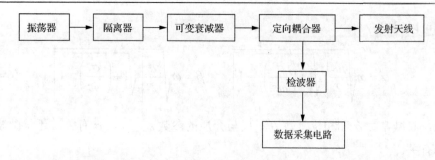

图 6.10　微波发射单元框图

微波接收单元由接收天线、检波器和数据采集电路几部分组成,如图 6.11 所示。为了保证测量设备在全温度范围内的稳定性,接收单元检波器和发射单元检波器必须具有相近的检波性能。当设备安装完成后,通过调整发射单元的发射功率,使检测信号处于合适的输出电平。例如,当被测空间没有飞灰时,可将检测信号调为 1.2V 左右,当设备安装时,被测空间已有飞灰通过,可以根据当时飞灰含碳量的大小,将检测信号调整至 1.0V 左右。

图 6.11　微波接收单元框图

工作频率越高,飞灰中的碳粒对微波的衰减越大。更高的工作频率有利于飞灰含碳量测量精度的提高,目前国内微波飞灰测试系统大多工作在 X 波段。

董卉慎等在确定的微波频率 $f_0 = 10\text{GHz}$ 的条件下研究了微波的衰减与碳含量之间的关系,如图 6.12 所示。其中的微波天线既是辐射器,又是接收器。采用在样品盒后加反射板的方法,一方面减少了专门的接收器,简化了安装,降低了装置的成本;另一方面,微波两次经过待测样品,增加了介质与微波的作用时间,提高了测量的精确度。

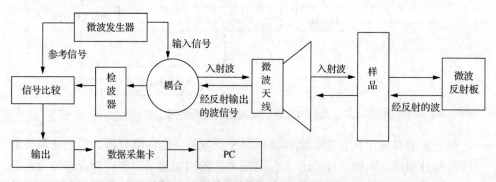

图 6.12　微波强度测量实验系统框图

在样品盒中分别放入 9 种不同含碳量的飞灰样品时，对应输出信号电压与飞灰含碳量的关系并不单调，这是由于正向传播的波与反射波叠加形成驻波。经过实验的多次测量，以及改变反射板的位置，发现采用测量微波强度的方法来检测碳的含量，对于含碳量接近的样品的分辨率不够且检测的范围小。微波强度测量的实验结果如图 6.13 所示。

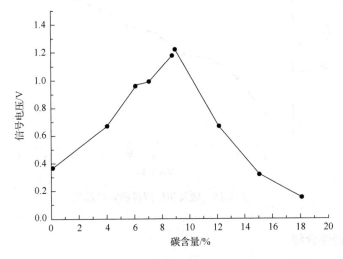

图 6.13　微波强度测量的实验结果

保持微波频率不变，经微波发生器发射的微波分成两路：一路作为参考信号直接进入鉴相器；另一路通过微波天线辐射，经待测飞灰样品后反射再进入鉴相器，通过飞灰的微波将发生相移，相移的大小是飞灰样品含碳量的函数。参考信号与经样品产生相移的信号在鉴相器中进行鉴相，结果经过低通滤波后输出。微波相位测量实验系统框图如图 6.14 所示。

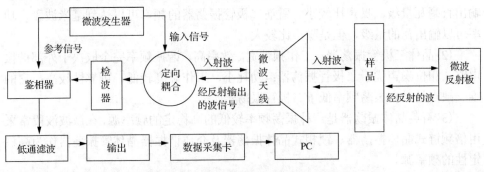

图 6.14　微波相位测量实验系统框图

维持微波频率不变，在样品盒中顺次放入 9 种不同碳含量的飞灰样品，测量对应输出电压即信号电压 V_d 的平均值。信号电压由数据采集卡送入计算机，程序对测量数据进行处理后转换成碳含量在显示器上显示。微波相位测量的实验结果如图 6.15 所示。

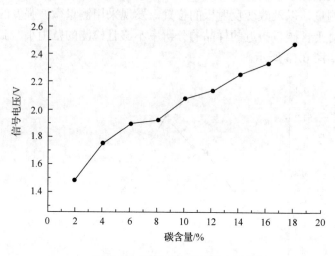

图 6.15　微波相位测量的实验结果

6.3.3　微波器件介绍

1. 微波振荡器

微波振荡器是各类微波系统的关键部件之一，它的性能优劣直接影响微波系统的性能指标。振荡器的要求越来越高：输出功率大、相位噪声低、频率稳定度高、尺寸小、温度稳定性高、可靠性高及成本低。

微波振荡器从所用器件类型上可分为以下 3 种。

（1）二极管振荡器：体效应二极管振荡器的频率可以达到毫米波段，功率可以输出百毫瓦量级，噪声比较小。雪崩二极管振荡器的频率可以达到毫米波段，功率可以输出瓦的量级，但是噪声比较大。

（2）晶体三极管振荡器：工作频带宽，效率高，谐振频率完全取决于外部谐振电路，相位噪声优于二极管振荡器；功耗小，工作温度较低，可靠性较高；它的唯一缺点是最高振荡频率低于二极管振荡器。

（3）石英晶体振荡器是一种振荡频率较低的高稳定的频率源，在微波波段常采用倍频链式晶体振荡器、锁相式晶体振荡器及介质谐振器晶体管振荡器作为高稳定性的频率源。

微波振荡器的主要技术指标有频率准确度、频率稳定度、调频噪声和相位噪声等。

（1）频率准确度是指振荡器实际工作频率与标称频率之间的偏差。有绝对频率准确度和相对频率准确度两种表示方法。绝对频率准确度是实际工作频率与标称频率的差值。相对频率准确度是绝对频率准确度与标称频率的比值。

(2)频率稳定度是指在规定的时间间隔内，频率准确度变化的最大值。它也有两种表示方法：即绝对频率稳定度和相对频率稳定度。通常用相对频率稳定度来表示，又简称为频率稳定度。

根据所规定的时间间隔的长短不同，频率稳定度又可分为长期频率稳定度、短期频率稳定度和瞬时频率稳定度三种。

(1)长期频率稳定度。如果所规定的时间间隔在 1 天以上，在这段时间间隔内的相对频率准确度称为长期频率稳定度。它主要取决于有源器件和电路元件等老化特性。在规定时间内用实际频率偏离标称频率的最大值作为频率稳定度。这在度量长期频率稳定度时是不合理的。例如，振荡器在一个月内所观测到的稳定度经常会出现瞬间不稳，即在几秒钟内是 10^{-4}，而大部分时间是 10^{-5}。为了合理表征长期频率稳定度，通常采用统计的方法，即用均方根值表示长期频率稳定度。

(2)短期频率稳定度。如果所规定的时间间隔在一天以内，在这段时间间隔内的相对频率准确度称为短期频率稳定度，通常称为频率漂移。它主要取决于温度变化、电压变化和电路参数不稳定等因素。

(3)瞬时频率稳定度。如果所规定的时间间隔在秒以内，在这段时间间隔内的相对频率准确度称为瞬时频率稳定度，它是由振荡器的内部噪声引起的频率起伏。由于频率的瞬时值是无法测量的，其所测得的频率仅是在某一段时间内的平均值，所以瞬间频率稳定度是不能度量的。通常，采用阿伦方差来度量瞬间频率稳定度，有时也称秒级频率稳定度。

2. 定向耦合器

在微波系统中，经常需要将一路传输功率分为几路，而且对于功率的分配比例要求可不同。定向耦合器是一种具有方向性的功率分配元件，而且也是多端口微波器件。定向耦合器的种类和形式很多，结构差异很大，工作原理也不尽相同。可以从不同的角度对定向耦合器进行分类，例如，按照传输线类型、按照耦合方式或按输出的相位关系来区分不同种类。这类多端口元件在微波技术中获得了广泛的运用。例如，本书用到了波导十字定向耦合器。定向耦合器就是用于检测功率的。因为微波信号发生器的输出功率主要是供给负载，所以用定向耦合器只取出其中一小部分输出至功率监测器的检波器。只要知道耦合的强弱，就可由监测表的功率读数得知信号发生器的输出功率。定向耦合器属于四端口网络。

图 6.16 为波导十字定向耦合器的原理图。两波导相互垂直，铣去下面波导的一部分宽壁，使两波导重合部分只有一层波导壁。十字孔开在波导宽壁中心线的一侧。当波从端口 1 输入时，小孔在波前进方向的右侧，适当选择小孔的位置使该处磁场为顺时针旋转的圆极化磁场，小孔在副波导中也激励起这种顺时针旋转

的圆极化磁场，并且也应位于波前进方向的右侧，于是可以推断端口 4 无功率输出，端口 3 有功率输出，从而形成功率的定向耦合。

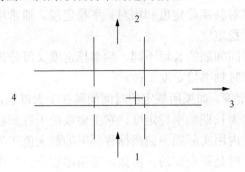

图 6.16 波导十字定向耦合器的原理图

3. 可变衰减器

衰减器是传输系统中的双口器件，它的作用是使通过它的微波产生一定量的衰减，衰减量固定的称为固定衰减器，衰减量可在一定范围内调节的称为可调衰减器。双口网络传输特性示意图如图 6.17 所示。

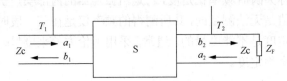

图 6.17 双口网络传输特性示意图

双口网络的衰减可由两种原因引起：一种是由于网络内部有损耗，吸收了通过波的功率而造成的衰减，这称为吸收衰减；另一种是由于波在网络输入端的反射而引起的，由此而造成的衰减称为反射衰减。与这两种衰减机制相对应的有两种衰减器：吸收式衰减器与反射式衰减器。衰减器实物照片如图 6.18 所示。

图 6.18 衰减器实物照片

吸收式衰减器是利用置入的吸收片所引起通过波的损耗而达到衰减目的的，

其衰减量与刻度的关系图如图 6.19 所示。一般希望吸收式衰减器的两端尽可能的匹配，因此这种衰减器基本上没有反射衰减。

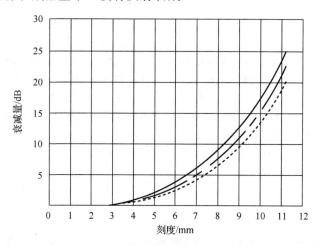

图 6.19　刻度和衰减量的对应关系

4. 检波器

检波器是用来检测微波信号的，它的主体是一个置于传输系统中的硅晶体二极管，利用它的非线性进行检波，将微波信号转化为直流或低频信号，就可以用普通的仪表指示。一般系统所用的检波器工作频率范围为 8.2～12GHz。

参 考 文 献

[1] 国家发展和改革委员会，国家能源局. 电力发展"十三五"规划(2016-2020 年). http://zfxxgk.ndrc.gov. cn/PublicItemView.aspx?ItemID=%7b298336f2-fcf4-49eb-a818-451255fb3705%7d[2016-12-22].

[2] 程启明，程尹曼，汪明媚，等. 火电厂锅炉一/二次风速测量技术的现状与发展. 自动化仪表, 2011,7(32): 83-86.

[3] 庄荣，朱斌帅. 火力发电厂锅炉炉内温度场在线测量技术研究综述. 发电技术, 2010, 31(135): 85-88.

[4] Will S, Schraml S, Leipertz A. Two-dimensional soot-particle sizing by time-resolved laser-induced incandescence. Optics Letters, 1995, 22: 2342-2344.

[5] Mewes L A, Dilligan M. Quantitative in-cylinder fluid composition measurements with laser-induced incandescence. Applied. Optics., 1997, 36: 709-717.

[6] 陈立军，王莹，邹晓旭，等. 锅炉飞灰含碳量检测技术的发展和现状. 化工自动化及仪表, 2010, 37(9): 1-4.

[7] 高倩. 气/固两相流流速测量的静电法研究. 北京: 北京交通大学硕士学位论文, 2011.

[8] 周宾. 气固两相流动静电-ECT 测量方法的研究. 南京: 东南大学博士学位论文, 2008.

[9] Armour-Chélu D I, Woodhead S R, Barnes R N. The electrostatic charging trends and signal frequency analysis of a particulate material during pneumatic conveying. Powder Technology, 1998, 96(3): 181-189.

[10] Woodhead S R, Ashenden S J, Pittman A N. Results of on-1ine mass flow rate measurement tests in a pilot pneumatic coal injection system using an electrostatic measurement technique. Proceeding 20th International Technical Conference on Coal Utilisation and Fuel Systems, Florida, 1995: 427-433.

[11] Ma J, Yan Y. Design and evaluation of electrostatic sensors for the measurement of velocity of pneumatically conveyed solids. Flow Measurement and Instrumentation, 2000, 11: 195-204.

[12] Peng L H, Zhang Y, Yan Y. Characterization of electrostatic sensors for flow measurement of particulate solids in square-shaped pneumatic conveying pipelines. Sensors and Actuators A: Physical, 2008, 141(1): 59-67.

[13] Teimour T, bin Rahmat M F, Thuku I T. Sensitivity characteristics of electrostatic sensor using finite element modeling. IEEE International Conference on Control System, Computing and Engineering, 2012: 194-197.

[14] 高鹤明，常琦，晏克俊. 基于阵列式静电传感器的密相气力输送表观气速测量方法研究. 仪器仪表学报, 2015, 36(4): 787-794.

[15] Rahmat M F, Ibrahim S, Elmajri m M, et al. Dual modality tomography system using optical and electro-dynamic sensors for tomographic imaging solid flow. International Journal on Smart Sensing and Intelligent Systems, 2010, 3(3): 389-399.

[16] 邓湘，穆星达，唐宇. 阵列式静电传感器结构设计与优化研究. 仪器仪表学报, 2016, 37: 24-31.

[17] Zhou H, Yang Y, Dong K, et al. Investigation of two-phase flow mixing mechanism of a swirl burner using an electrostatic sensor array system. Flow Measurement and Instrumentation, 2013, 32: 14-26.

[18] Qian X C, Huang X B, Hu Y H, et al. Pulverized coal flow metering on a full-scale power plant using electrostatic sensor arrays. Flow Measurement and Instrumentation, 2014, 40: 185-191.

[19] Zhang W B, Yan Y, Yang Y R, et al. Measurement of flow characteristics in a bubbling fluidized bed using electrostatic sensor arrays. IEEE Transactions on Instrumentation and Measurement, 2016, 65: 703-712.

[20] 芳波. 电站锅炉煤粉浓度的微波测量方法研究. 南京: 南京理工大学硕士学位论文, 2007.

[21] 闫润卿，李应惠. 微波技术基础. 2 版. 北京: 北京理工大学出版社, 1997.

[22] 杨兴森，王家新，郝卫东. 乏气送粉锅炉一次风煤粉浓度测量方法的试验研究. 热力发电, 2004(2): 38-40.

[23] 周镭. 利用微波测量煤粉流量的研究. 西北大学学报(自然学科版), 1996, 26(1): 79-82.

[24] Nelson S O. Density-permittivity relationship for powdered and granular materials. IEEE transactions on Instrumentation and Measurement, 2005, 54(5): 2033-2040.

[25] Trelsi S, Kraszewski A W, Nelson S O. Phase-shift ambiguity in microwave dielectric properties measurements. IEEE transactions on Instrumentation and Measurement, 2000, 49(1): 215-219.

[26] Ma Y, Varadan V K, Varadan V V. Prediction of electromagnetic properties of ferrite composites. Progress in Electromagnetics Research, 1992.

[27] Ezquerra T A, Kremer F, Wegner G. Ac Electrical properties of insulator-conductor composites. Progress in Electromagnetics Research, 1992.

[28] Nelson S O. Estimation of permittivities of solids from measurements on pulverized or granular materials. Progress in Electromagnetics Research, 1992.

[29] 何晓亮.对直吹式制粉系统一次风速微波测量技术的研究.电站辅机, 2015, 36: 32-34.

[30] Godlewski M. Microwave conductivity measurements in CdTe. Physica Status Solidi., 2010, 51(2): 141-145.

[31] Kawamura J, Oyama Y. Microwave conductivity of $(AGI)_{1-X}$-$(AG_2MoO_4)_X$ (X=0.25, 0.3, 0.35) glasses. Solid Status Ionics, 1989, 35(3-4): 311-315.

[32] Sastry M D, Kadam R M, Babu Y, et al. A new and sensitive method for detection of superconductivity using microwave bridge. Physica C Superconductivity, 1988, 153(2): 1667-1668.

[33] Trukhan E M. Dispersion of the dielectric constant of heterogeneous system. Soviet Phycics Solid-state, 1963, 4(12): 2560.

[34] Sen S, Saha P K, Nag B R. New cavity perturbation technique for microwave measurement of dielectric-constant. Review of Scientific Instruments, 1979, 50(12): 1594-1597.

[35] Murthy V R K, Raman R. A method for the evaluation of microwave dielectric and magnetic parameters using rectangular cavity perturbation technique. Solid State Commun, 1989, 8(70): 847-850.

[36] Liu C C, Na B K, Walters A B, et al. Microwave absorption measurements of the electrical conductivity of small particles. Catalysis Letters, 1994, 26(1): 9-24.

[37] Na B K, Vannice M A, Walters A B. Measurement of the effect of pretreatment and adsorption on the electrical-properties of ZnO powders using a microwave-hall-effect technique. Physical Review B. Condens Matter, 1992, 46(19): 12266-12277.

[38] Thakur K P. An inverse techniques to evaluate pennittivity of material in a cavity. IEEE Transactions on Image Processing, 2004, 49(6): 1129-1132.

[39] 吴林文. 微波固体流量计信号处理方法及仿真. 成都: 电子科技大学硕士学位论文, 2013.

[40] 江华东. 微波固体流量计在煤粉测量中的应用. 石油化工自动化, 2009, 3: 54-55.

[41] 桂永芳. 相关法超声波流量计二次仪表的研究. 杭州: 浙江大学硕士学位论文, 2004.

[42] Tebbua J S, Challis R E. Ultrasonic wave propagation in colloidal suspensions and emulsions: A comparison of four models. Ultrasonics, 1996, 34: 2-5.

[43] 乔榛. 超声法一次风流速和煤粉浓度在线测量研究. 南京: 南京理工大学硕士学位论文, 2013.

[44] Epstein P S, Carhart R R. The absorption of sound in suspensions and emulsions. I. water fog in air. Journal of the Acoustical Society of America, 1953, 25(3): 553-565.

[45] Allegra J R, Hawley S A. Attenuation of sound in suspensions and emulsions: Theory and experiments. Journal of the Acoustical Society of America, 1972, 51: 1545-1564.

[46] Challis R E, Povey M J, Mather M L, et al. Ultrasound technique for characterizing colloidal dispersions. Reports on Progress in Physics, 2005, 68: 1541-1637.

[47] Challis R E, Tebbutt J S, Holmes A K. Equivalence between three scattering formulations for ultrasonic wave propagation in particulate mixtures. Journal of Physics D: Applied Physics, 1998, 31: 3481-3497.

[48] Holmes A K, Challis R E. Ultrasonic scattering in concentrated colloidal suspensions. Colloids & Surfaces A Physicochemical & Engineering Aspects, 1993, 77(1): 65-74.

[49] Holmes A K, Challis R E, Wedlock D J. A wide bandwidth study of ultrasound velocity and attenuation in suspensions-Comparison of theory with experimental measurements. Journal of Colloid and Interface Science, 1993, 156: 261-268.

[50] 呼剑, 苏明旭, 蔡小舒. 高频宽带超声衰减谱表征纳米颗粒粒度的方法. 化工学报, 2010, 61(11): 2985-2991.

[51] Xue M H, Su M X, Cai X S. An investigation on characterizing two-phase flow with broad-band ultrasonic impedance spectra. Journal of Physical: Conference Series, 2009, 1(147): 012007.

[52] 董黎丽, 苏明旭, 薛明华, 等. 基于超声衰减谱的脂肪乳粒度分布测量方法. 过程工程学报, 2008, 8(1): 8-12.

[53] Su M X, Xue M H, Cai X S, et al. Particle size characterization by ultrasonic attenuation spectra. Particuology, 2008, 6: 276-281.

[54] 吴健. 胶体多参数测量实验研究及多通道同步数据采集系统设计[硕士学位论文]. 上海: 上海理工大学, 2012.

[55] Mougin P, Wilkison D, Roberts K J, et al. Sensitivity of particle sizing by ultrasonic attenuation spectroscopy to material properties. Powder Technology, 2003, 134: 243-248.

[56] O'Neill T J, Tebbutt J S, Challis R E. Convergence criteria for scattering models of ultrasonic wave propagation in suspensions of particles. IEEE Transactions on Ultrasonics, Ferroelectrics and Frequency Control, 2001, 48(2): 419-424.

[57] McClements D J. Ultrasonic characterisation of emulsions and suspensions. Advances in Colloid and Interface Science, 1991, 37: 33-72.

[58] McClements D J. Comparison of multiple scattering theories with experimental measurements in emulsions. Journal of the Acoustical Society of America, 1992, 91: 849-853.

[59] McClements D J. Frequency scanning ultrasonic pulse echo reflectometer. Ultrasonics, 1992, 30: 403-405.

[60] 阮晓东, 刘志皓, 瞿建武. 粒子图像测速技术在两相流测量中的应用研究. 浙江大学学报, 2005, 39: 785-788.

[61] 蔡毅, 由长福, 祁海鹰, 等. 模糊逻辑方法用于气固两相流动 PTV 测量中的颗粒识别过程. 流体力学实验与测量, 2002, 16(2): 78-83.

[62] Wu X C, Wu Y C, Zhang C C, et al. Fundamental research on the size and velocity measurements of coal powder by trajectory imaging. Journal of Zhejiang University-Science A (Applied Physics and Engineering), 2013, 14(5): 377-382.

[63] Chen X Z, Zhou W, Cai X S, et al. In-line imaging measurements of particle size, velocity and concentration in a particulate two-phase flow. Particuology, 2014, 13: 106-113.

[64] Gao L J, Yan Y, Lu G, et al. On-line measurement of particle size and shape distributions of pneumatically conveyed particles through multi-wavelength based digital imaging. Flow Measurement and Instrumentation, 2012, 27: 20-28.

[65] 雷志伟. 激光消光法粉尘浓度在线测量系统的研发[硕士学位论文]. 南京: 东南大学, 2015.

[66] Zhou H, Ma W C, Zhao K, et al. Experimental investigation on the flow characteristics of rice husk in a fuel-rich/lean burner. Fuel, 2016, 164: 1-10.

[67] 岑可法. 锅炉和热交换器的积灰、结渣、磨损和腐蚀的防止原理与计算. 北京: 科学出版社, 1994.

[68] 何佩敖. 董延平. 电站燃煤锅炉煤粉火焰和煤粉燃烧的检测及诊断技术. 电站系统工程, 1993, 9(6): 8-14.

[69] 陈焕生. 温度测试技术及仪表. 北京: 水利电力出版社, 1987.

[70] 岑可法. 锅炉燃烧试验研究方法及测量技术. 北京: 水利电力出版社, 1987.

[71] 俞小莉. 燃气温度光纤传感与检测技术的理论和实验研究[博士学位论文]. 杭州: 浙江大学, 1993.

[72] 金萍. 双色法接触式光纤测量温度系统的研究[博士学位论文]. 杭州: 浙江大学, 1997.

[73] 俞小莉, 金萍, 严兆大, 等. 接触式光纤高温计的理论与实验研究. 内燃机学报, 1996, 13(4): 461-469.

[74] 严惠民. 火焰温度场分布的光学测量原理. 光学仪器, 1993, 15(5): 1-6.

[75] 冯圣一. 热工测量新技术. 北京: 中国电力出版社, 1995: 11.

[76] 张平. 燃烧诊断学. 北京: 兵器工业出版社, 1988.

[77] 王方. 火焰学. 北京: 中国科学技术出版社, 1994.

[78] Nguyen Q V, Dibble R W, Carter C D, et al. Raman-LIF measurements of temperature, major species, OH, and NO in a methane-air bunsen flame. Combustion and Flame, 1996, 11(1): 82-86.

[79] Shirley J A. UV raman spectroscopy of H_2-air flames excited with a narrowband KrF laser. Applied Physics B, 1990, 51(1): 45-48.

[80] Wenzel N, Lange B, Marowsky G, et al. High-temperature N-CARS-thermometry. Applied Physics B, 1990(51): 441-454.

[81] Uchiyama H, Nakajima M, Yuta S. Measurement of flame temperature distribution by IR emission computed tomography. Applied Optics, 1985, 24(3): 4111-4116.

[82] Hall R J, Bonczyk P A. Sooting fame thermometry using emission/ absorption tomography. Applied Optics., 1990, 29(31): 4590-4598.

[83] Zhang J Q, Cheng J S. Determination of the temperature profile of axisymmetric combustion-gas flow from infrared spectral measurements. Combustion and Flame, 1986(65): 163-176.

[84] Choi M Y, Hamins A, Mulholland G W, et al. Simultaneous optical measurement of soot volume fraction and temperature in premixed flames. Combustion and Flame, 1994, 99(3): 174-196.

[85] 須沢憲一, 三浦和彦, 野村太一, 他. 発電プラントの総合監視制御システムを適用した H-25 がスタービン制御装置「HIACS-MULTI」.電力エネルギー分野の最新開発技術, 2008, 90(2): 180-184.

[86] 舒子凯. 三菱新型火焰检测装置 OPTIS 简介. 热工自动化信息, 1993, 1: 9-11.

[87] Tago Y, Akimoto F, Kitagawa K, et al. Measurements of surface temperature and emissivity by two-dimensional four-color thermometry with narrow bandwidth. Energy, 2005, 30: 485-495.

[88] Renier E, Meriaudeau F, Suzeau P, et al. CCD temperature imaging: Application in steel industry. Proceedings of the 1996 IEEE IECON 22nd International Conference, 1996, 2: 1295-1300.

[89] Lu G, Yan Y, Cornwell S, et al. Temperature profiling of pulverised coal flames using multi-Colour pyrometer and digital imaging techniques. Proceedings of IEEE Instrumentation and Measurement Technology Conference, 2005, 1658-1662.

[90] Brisley P M, Lu G, Yan Y, et al. Three-dimensional temperature measurement of combustion flames using a single monochromatic CCD camera. IEEE Transations on Instrumentation and Measurement, 2005, 54(4): 1417-1421.

[91] Collins S. Advanced flame monitors take on combustion control. Power, 1993, 137(10): 75-78.

[92] 蔡小舒, 罗武德. 光谱法测量煤粉火焰温度和黑度的研究. 工程热物理学报, 2000, 21(6): 779-782.

[93] 季琨, 蔡小舒, 赵志军. 不同种类燃料火焰的辐射光谱测量. 工程热物理学报, 2004, 25(1): 171-173.

[94] 孙江, 徐伟勇, 余岳峰. 根据煤粉火焰图像判断燃烧状况的计算机判断算法. 热力发电, 1999, 1: 14-18.

[95] 徐伟勇, 余岳峰, 张银桥, 等. 采用传像光纤和数字图像处理技术检测燃烧火焰. 动力工程, 1999, 19(1): 45-48.

[96] 程晓舫, 周洲. 彩色三基色温度测量原理的研究. 中国科学 (E 辑), 1997, 27(4): 342-345.

[97] 符泰然, 程晓舫, 钟茂华, 等. 基于波段带宽的谱段测温法的测温范围分析. 光谱学与光谱分析, 2008, 28(9): 1994-1997.

[98] 符泰然, 杨臧健, 程晓舫. 基于彩色 CCD 测量火焰温度场的算法误差分析. 中国电机工程学报, 2009, 29(2): 81-86.

[99] 孙晓刚, 胡晓光, 戴景民. 可同时测量真温及光谱发射率的 8 波长高温计. 光学技术, 2001, 27(4): 305-309.

[100] 戴景民, 王新北. 材料发射率测量技术及其应用. 计量学报, 2007, 28(3): 232-236.

[101] 辛春锁, 戴景民, 王英力. 光纤式 20 波长辐射高温计的研制. 红外技术, 2008, 30(1): 47-50.

[102] 周怀春, 韩才元. 用于煤粉燃烧诊断的火焰颜色计测方法. 光谱学与光谱分析, 1994, 14(2): 31-34.

[103] 姚斌, 姜志伟, 周怀春. W 型火焰锅炉炉膛温度场的可视化试验研究. 热能动力工程, 2006, 21(1): 35-38.

[104] 娄春, 周怀春, 姜志伟, 等. 炉膛内断面温度场与辐射参数同时重建实验研究. 中国电机工程学报, 2006, 26(14): 98-103.

[105] 娄春, 周怀春, 吕传新, 等. 电站锅炉炉内三维温度场在线检测与分析. 热能动力工程, 2005, 20(1): 61-64.

[106] 卫成业, 王飞, 马增益, 等. 运用彩色 CCD 测量火焰温度场的校正算法. 中国电机工程学报, 2000, 20(1): 70-72.

[107] 黄群星, 刘冬, 王飞, 等. 非对称碳氢扩散火焰内烟黑浓度与温度联合重建模型研究. 物理学报, 2008, 57(12): 7928-7936.

[108] 李汉舟, 潘敏贵, 潘泉, 等. 基于面阵 CCD 图像的温度场测量研究. 仪器仪表学报, 2003, 24(6): 653-656.

[109] 李汉舟, 潘泉, 张洪才, 等. 基于数字图像处理的温度检测算法研究. 中国电机工程学报, 2003, 23(6): 195-199.

[110] Sun Y, Lou C, Zhou H. A simple judgment method of gray property of flames based on spectral analysis and the two-color method for measurements of temperatures and emissivity. Proceedings of the Combustion Institute, 2011, 33(1): 735-741.

[111] Lu G, Yan Y, Riley G, et al. Concurrent measurement of temperature and soot concentration of pulverized coal flames. IEEE Transactions on Instrumentation and Measurement, 2002, 51: 990-995.

[112] Lou C, Zhou H. Deduction of the two-dimensional distribution of temperature in a cross section of a boiler furnace from images of flame radiation. Combustion and Flame, 2005, 143: 97-105.

[113] 娄春, 韩曙东, 刘浩, 等. 一种煤粉燃烧火焰辐射成像新模型. 工程热物理学报, 2002, 23(增刊): 93-96.

[114] Wang H J, Huang Z F, Wang D D, et al. Measurements on flame temperature and its 3D distribution in a 660 MWe arch-fired coal combustion furnace by visible image processing and verification by using an infrared pyrometer. Measurement Science and Technology, 2009, 20: 114006.

[115] Hedrich A L, Pardue D R. Sound velocity as a measurement of gas temperature. Its Measurement and Control in Science and Industry, 1955(2): 383.

[116] Green S F. An acoustic technique for rapid temperature distribution measurement. The Journal of the Acoustical Society of America, 1985, 77(2): 759-763.

[117] Muzio L J, Eskinazi D, Green S F. Acoustic pyrometry. New boiler diagnostic tool. Power Engineering, 1989, 93(11): 49-52.

[118] Kleppe J A. The application of digital signal processing to acoustic pyrometry. Digital Signal Processing Workshop Proceedings, IEEE, 1996: 420-422.

[119] Barth M, Armin R. Acoustic tomographic imaging of temperature and flow fields in air. Measurement Science and Technology, 2011, 22(3): 035102.

[120] Barth M, Fischer G, Raabe A, et al. Remote sensing of temperature and wind using acoustic travel-time measurements. Meteorologische Zeitschrift, 2013, 22(2): 103-109.

[121] 沈国清, 安连锁, 姜根山. 炉膛烟气温度声学测量方法的研究与进展. 仪器仪表学报, 2003 (z1): 555-558.

[122] 沈国清, 安连锁, 张波, 等. 声学法重建炉内温度场的算法研究. 锅炉技术, 2005, 36(6): 52-55.

[123] 沈国清, 安连锁, 姜根山, 等. 基于声学 CT 重建炉膛二维温度场的仿真研究. 中国电机工程学报, 2007, 27(2): 11-14.

[124] 沈国清, 吴智泉, 安连锁, 等. 基于少量声学数据的炉内温度场重建. 动力工程, 2007, 27(5): 702-706.

[125] 姜根山, 安连锁, 杨昆. 温度梯度场中声线传播路径数值研究. 中国电机工程学报, 2005, 24(10): 210-214.

[126] 沈国清, 安连锁, 姜根山, 等. 电站锅炉声学测温中时间延迟估计的仿真研究. 中国电机工程学报, 2007, 27(11): 57-61.

[127] 安连锁, 沈国清, 张波, 等. 电站锅炉中声学测温的试验研究. 电站系统工程, 2007, 23(2): 23-25.

[128] 杨祥良, 李庚生, 安连锁, 等. 基于声学测温技术的电站锅炉水冷壁灰污监测方法. 华北电力大学学报, 2010 (3): 59-63.

[129] 安连锁, 李庚生, 沈国清, 等. 声学测温系统在 200MW 电站锅炉中的应用研究. 动力工程学报, 2011, 31(12): 928-932.

[130] 李庚生, 安连锁, 张世平, 等. 基于声学测温的电站锅炉水冷壁壁温实时监测系统研究. 电站系统工程, 2012 (1): 5-8.

[131] 张世平, 安连锁, 李庚生, 等. 基于声学测温的水冷壁局部超温监测研究. 动力工程学报, 2012 (4): 302-307.

[132] 张世平, 沈国清, 安连锁, 等. 基于声学测温的电站锅炉水冷壁局部灰污监测研究. 热能动力工程, 2013, 28(4): 409-414.

[133] 李芝兰, 颜华, 陈冠男. 基于修正 Landweber 迭代的声学温度场重建算法. 沈阳工业大学学报, 2008, 30(1): 90-93.

[134] 颜华, 王金, 陈冠男. 16 通道声波飞行时间测量系统. 沈阳工业大学学报, 2010, 32(1): 70-74.

[135] 颜华, 崔柯鑫, 续颖. 基于少量声波飞行时间数据的温度场重建. 仪器仪表学报, 2010 (2): 470-475.

[136] 颜华, 陈冠男, 杨奇, 等. 声学 CT 复杂温度场重建研究. 声学学报, 2012, 37(4): 370-377.

[137] 颜华, 王善辉, 周英钢. 正则化参数自适应选取的声学 CT 温度场重建. 仪器仪表学报, 2012 (6): 1301-1307.

[138] 张肇富. 用超声波温度计测量高温. 上海计量测试, 1998, 25(6): 55.

[139] 吴孟余. 工程热力学. 上海: 上海交通出版社, 2000.

[140] 杜功焕, 朱哲民, 裘秀芬. 声学基础. 南京: 南京大学出版社, 2001.

[141] Lytle R J, Dines K A. Iterative ray tracing between boreholes for underground image reconstruction. IEEE Transactions on Geoscience and Remote Sensing, 1980 (3): 234-240.

[142] 王然, 安连锁, 沈国清, 等. 基于正则化 SVD 算法的三维温度场声学重建. 计算物理, 2015 (2): 195-201.

[143] 安连锁, 茹燕丹, 沈国清, 等. GMRES 算法在声学法重建三维温度场中的应用. 热能动力工程, 2015, 30(1): 88-94.

[144] 鄂勇, 宋国利, 张颖, 等. 炭黑大气颗粒物的环境效应. 地球与环境, 2006, 34(1): 61-64.

[145] Dobbins R A, Megaridis C M. Morphology of flame-generated soot as determined by thermophoretic sampling. Langmuir, 1987, 3(2): 254-259.

[146] Köylü Ü Ö, McEnally C S, Rosner D E, et al. Simultaneous measurements of soot volume fraction and particle size/microstructure in flames using a thermophoretic sampling technique. Combust & Flame, 1997, 110(4): 494-507.

[147] 王宇. 电场作用下火焰中碳烟颗粒的分布与聚积规律[博士学位论文]. 北京: 清华大学, 2009.

[148] McEnally C S, Köylü Ü Ö, Pfefferle L D, et al. Soot volume fraction and temperature measurements in laminar nonpremixed flames using thermocouples. Combust Flame, 1997, 109(4): 701-720.

[149] Snelling D R, Thomson K A, Smallwood G J, et al. Two-dimensional imaging of soot volume fraction in laminar diffusion flames. Applied Optics, 1999, 38(12): 2478-2485.

[150] Arana C P, Pontoni M, Sen S, et al. Field measurements of soot volume fractions in laminar partially premixed coflow ethylene/air flame. Combust Flame, 2004, 138(4): 362-372.

[151] Melton L A. Soot diagnostics based on laser heating. Appl Opt, 1984, 23(13): 2201-2208.

[152] Vander Wal R L, Ticich T M, Stephens A B. Can soot primary particle size be determined using laser induced incandescence? CombustFlame, 1999, 116(1-2): 291-296.

[153] Shaddix C R, Smyth K C. Laser-Induced Incandescence measurements of soot production in steady and flickering methane, propane, and ethylene diffusion flames. Combust Flame, 1996, 107(4): 418-452.

[154] Snelling D R, Smallwood G J, Liu F, et al. A calibration-independent laser-induced-incandescence technique for soot measurement by detecting absolute light intensity. Applied Optics, 2005, 44(31): 6773-6785.

[155] Schulz C, Kock B F, Hofman M, et al. Laser-induced incandescence: Recent trends and current questions. Applied Physics B, 2006, 83(3): 333-354.

[156] 王飞, 严建华, 马增益, 等. 运用激光诱导发光法测量炭黑粒子浓度的模拟计算. 中国电机工程学报, 2006, 26(7): 6-11.

[157] Zhou H, Ladommatos N. Optical diagnostics for soot and temperature measurement in diesel engines. Progress in Energy and Combustion Science, 1998, 24(3): 221-255.

[158] Snelling D R, Thomson K A, Smallwood G J, et al. Spectrally resolved measurement of flame radiation to determine soot temperature and concentration. AIAA J, 2002, 40(9): 1789-1795.

[159] 艾育华. 基于辐射成像的扩散火焰温度和烟黑浓度分布研究. 武汉: 华中科技大学博士学位论文, 2006.

[160] Tropea C, Yarin A L, Foss J F. Springer Handbook of Experimental Fluid Mechanics. Berlin: Springer-Verlag, 2007.

[161] Wanga J H, Zhang M, Huang Z H, et al. Measurement of the instantaneous flame front structure of syngas turbulent premixed flames at high pressure. Combustion and Flame, 2013, 160: 2434-2441.

[162] Hanson R K, Davidson D F. Recent advances in laser absorption and shock tube methods for studies of combustion chemistry. Progress in Energy and Combustion Science, 2014, 44: 103-114.

[163] Wang S K, Davidson D F, Hanson R K. High-temperature laser absorption diagnostics for CH_2O and CH_3CHO and their application to shock tube kinetic studies. Combustion and Flame, 2013, 160: 1930-1938.

[164] Daily J W. Laser induced fluorescence spectroscopy in flames. Progress in Energy and Combustion Science, 1997, 23: 133-199.

[165] Röder M, Dreier T, Schulz C. Simultaneous measurement of localized heat-release with OH/CH_2O–LIF imaging and spatially integrated OH* chemiluminescence in turbulent swirl flames. Proceedings of the Combustion Institute, 2013, 34: 3549-3556.

[166] Skeen S A, Manin J, Pickett L M. Simultaneous formaldehyde PLIF and high-speed schlieren imaging for ignition visualization in high-pressure spray flames. Proceedings of the Combustion Institute, 2015, 35: 3167-3174.

[167] Dennis C N, Slabaugh C D, Boxx I G, et al. 5 kHz thermometry in a swirl-stabilized gas turbine model combustor using chirped probe pulse femtosecond CARS. Part 1: Temporally resolved swirl-flame thermometry, Combustion and Flame, 2016, 173: 441-453.

[168] Carlsson H, Nordström E, Bohlin A, et al. Large eddy simulations and rotational CARS/PIV/PLIF measurements of a lean premixed low swirl stabilized flame. Combustion and Flame, 2014, 161: 2539-2551.

[169] Huang H W, Zhang Y. Flame colour characterization in the visible and infrared spectrum using a digital camera and image processing. Measurement Science and Technology, 2008, 19: 085406.

[170] Huang H W, Wang Q, Tang H J, et al. Characterization of external acoustic excitation on diffusion flames using digital colour image processing. Fuel, 2012, 94: 102-109.

[171] Palies P, Durox D, Schuller T, et al. Nonlinear combustion instability analysis based on the flame describing function applied to turbulent premixed swirling flames. Combustion and Flame, 2011, 158: 1980-1991.

[172] García-Armingol T, Ballester J, Smolarz A. Chemiluminescence-based sensing of flame stoichiometry: Influence of the measurement method. Measurement, 2013, 46: 3084-3097.

[173] Balusamy S, Li L K B, Han Z Y, et al. Nonlinear dynamics of a self-excited thermoacoustic system subjected to acoustic forcing. Proceedings of the Combustion Institute, 2015, 35: 3229-3236.

[174] Kim K T, Hochgreb S. The nonlinear heat release response of stratified lean-premixed flames to acoustic velocity oscillations. Combustion and Flame, 2011, 158: 2482-2499.

[175] Faugeras O. Three-Dimensional Computer Vision: A Geometric Viewpoint. Cambridge: MIT Press, 1993.

[176] Szeliski R. Computer Vision: Algorithms and Applications. London: Springer, 2010.

[177] Ng W B, Zhang Y. Stereoscopic imaging and reconstruction of the 3D geometry of flame surfaces. Experiments in Fluids, 2003, 34(4): 484-493.

[178] Wang Q, Zhao C Y, Zhang Y. Time-resolved 3D investigation of the ignition process of a methane diffusion impinging flame. Experimental Thermal and Fluid Science, 2015, 62: 78-84.

[179] Goldman L W. Principles of CT and CT technology. Journal of Nuclear Medicine Technology, 2007, 35(3): 115-128.

[180] Gonzalez R C, Woods R E. Digital Image Processing. New Jersey: Prentice Hall, 2008.

[181] Yan Y. Three-dimensional visualisation and quantitative characterisation of fossil fuel flames using digital imaging techniques. Lexington: University of Kent, 2001.

[182] Kang M W, Li X S, Ma L. Three-dimensional flame measurements using fiber-based endoscopes. Proceedings of the Combustion Institute, 2015, 35: 3821-3828.

[183] 王超. 基于可调谐半导体激光吸收光谱技术的 H_2O 浓度和温度测量. 杭州: 浙江大学硕士学位论文, 2014.

[184] Rothman L S, Rinsland C P, Goldman A, et al. The HITRAN molecular spectroscopic database and HAWKS (HITRAN atmospheric workstation). Journal of Quantitative Spectroscopy & Radiative Transfer, 1998, 60(5): 665-710.

[185] Rothmann L S, Rinsland C P, Goldman A, et al. The HITRAN molecular spectroscopic database and HAWKS (HITRAN atmospheric workstation). Journal of Quantitative Spectroscopy & Radiative Transfer, 1998, 3375: 123-132.

[186] Armstrong B H. Spectrum line profiles: the voigt function. Journal of Quantitative Spectroscopy & Radiative Transfer, 1967, 7(1): 61-88.

[187] Wang Y, Peng C, Zhang H L, et al. Wavelength modulation imaging with tunable mid-infrared semiconductor laser: Spectroscopic and geometrical effects. Optics Express, 2004, 12(21): 5243-5257.

[188] Liu J T C, Jeffries J B, Hanson R K. Wavelength modulation absorption spectroscopy with 2f detection using multiplexed diode lasers for rapid temperature measurements in gaseous flows. Applied Physics B, 2004, 78: 503-511.

[189] 许婷. 利用可调谐半导体激光吸收光谱测量高温火焰中的 CO 浓度. 杭州: 浙江大学硕士学位论文, 2011.

[190] 姜治深. 可调谐激光半导体吸收光谱技术应用于火焰中气体浓度和温度二维分布重建的研究. 杭州: 浙江大学硕士学位论文, 2011.

[191] Carey S J, McCann H, Winterbone D, et al. Near infrared absorption tomography for measurement of chemical species distribution. 1st World Congress on Industrial Process Tomography, 1998: 480-487.

[192] Wright P. Nirvana auto-balanced photoreceivers. New Focus, Inc, 2002, 5 (134): 276.

[193] Korytnyi E, Berman Y, Davidson B, et al. Fouling of heat exchanger tubes in pulverized-coal-fired combustion chambers. Roceedings of the Asme Power Conference, 2008: 37-40.

[194] Žybogar A, Jensen P A, Frandsen F J, et al. Experimental investigation of ash deposit shedding in a straw-fired boiler. Energy Fuels, 2006, 20: 512-519.

[195] Naruse I, Kamihashira D, Khairil, et al. Fundamental ash deposition characteristics in pulverized coal reaction under high temperature conditions. Fuel, 2005, 84: 405-410.

[196] Zheng Z, Wang H, Guo S, et al. Fly ash deposition during oxy-fuel combustion in a bench-scale fluidized-bed combustor. Energy Fuels, 2013, 27: 4609-4616.

[197] Khodier A M, Hussain T, Simms N J, et al. Deposit formation and emissions from co-firing miscanthus with Daw Mill coal: Pilot plant experiments. Fuel, 2012, 101: 53-61.

[198] Hussain T, Khodier A M, Simms N J. Co-combustion of cereal co-product (CCP) with a UK coal (Daw Mill): Combustion gas composition and deposition. Fuel, 2013, 112: 572-583.

[199] Madhiyanon T, Sathitruangsak P, Sungworagarn S, et al. A pilot-scale investigation of ash and deposition formation during oil-palm empty-fruit-bunch (EFB) combustion. Fuel Processing Technology, 2012, 96: 250-264.

[200] Davidsson K O, Åmand L E, Steenari B M, et al. Countermeasures against alkali-related problems during combustion of biomass in a circulating fluidized bed boiler. Chemical Engineering Science, 2008, 63: 314-329.

[201] Zhang Z X, Wu X J, Zhou T, et al. The effect of iron-bearing mineral melting behavior on ash deposition during coal combustion. Proceedings of the Combustion Institute, 2011, 33: 2853-2861.

[202] Zhou H, Zhou B, Qu H G, et al. Experimental investigation of the growth of ash deposits with and without additives through a digital image technique. Energy Fuels, 2012, 26, 6824-6833.

[203] Allen L R, Steven G B, Larry L B. Experimental measurements of the thermal conductivity of ash deposits : part 1. Measurement technique. Energy Fuels, 2001, 15: 66-74.

[204] Rezaei H R, Gupta R P, Bryant G W, et al. Thermal conductivity of coal ash and slags and models used. Fuel, 2000, 79: 1697-1710.

[205] Chikuma H, Kurimura M, Ichikawa K, et al. Study on growth behavior and heat transfer of ash deposit. Proceedings of the 3rd International Conference on Power Engineering, Tokyo, 1997.

[206] Lei K, Ye B. Cao J, et al. Combustion Characteristics of single particles from bituminous coal and pine sawdust in O_2/N_2, O_2/CO_2, and O_2/H_2O atmospheres. Energies, 2017, 10(11): 1695.

[207] Lu G, Yan Y, Colechin M. A digital imaging based multifunctional flame monitoring system. Proceedings of the 20th IEEE Instrumentation and Measurement Technology Conference, VAIL, CO, 2003.

[208] Sun D, Lu G, Zhou H, et al. Measurement of soot temperature, emissivity and concentration of a heavy-oil flame through pyrometric imaging. Proceedings of the IEEE International Instrumentation and Measurement Technology Conference, Graz, AUSTRIA, 2012.

[209] Yelverton T L, Roberts W L. Soot surface temperature measurements in pure and diluted flames at atmospheric and elevated pressures. Expermental Thermal and Fluid Science, 2008, 33: 17-22.

[210] Huang Y, Yan Y, Riley G. Vision-based measurement of temperature distribution in a 500-kW model furnace using the two-colour method. Measurement, 2000, 28: 175-183.

[211] 阎高伟, 谢刚, 谢克明, 等. 基于多传感器融合技术的飞灰含碳量测量. 中国电机工程学报, 2006, 26(7): 36-39.

[212] 黎挺. 失重法在线飞灰测碳装置在 136MW 机组中的应用. 江苏电机工程, 2007, 6(11): 74-76.

[213] Brown R C, Dykstra J. Systematic errors in the use of loss-on-ignition to measure unburned carbon in fly ash. Fuel, 1995, 74(4): 570-574.

[214] Pay J, Monz J, Borrachero M. Loss on ignition and carbon content in pulverized fuel ashes (PFA): Two crucial parameters for quality control. Journal of Chemical Technology & Biotechnology, 2002, 77(3): 251-255.

[215] 朱竞东. 火力发电厂锅炉飞灰含碳量在线微波测量. 中国电力教育, 2009(S1).

[216] 董卉慎, 王祝盈, 谢中, 等. 微波相移法在线测量烟道飞灰含碳量. 微计算机信息(测控自动化), 2007, 23(1-1)118-119.

[217] Fang D, Sun J, Zhang W, et al. A Novel Method of Wid-band Microwave Phase Measurement. Asia-Paeifie Mierowave Conference, 1998: 1103-1106.

[218] 黄少鹗. 运用连续飞灰含碳量监测系统优化锅炉燃烧. 电站辅机, 2004, 88(1): 3439.

[219] Kurihara M, Ikeda K, Izawa Y, et al. Optimal boiler control through real-time monitoring of unburned carbon in fly ash by laser-induced breakdown spectroscopy. Applied Optics, 2003, 42(30): 6159-6166.

[220] 刘福国. 电站锅炉入炉煤元素分析和发热量的软测量实时监测技术. 中国电机工程学报, 2005, 25(6): 139-145.

[221] 吴东垠, 盛宏至, 魏小林, 等. 燃煤锅炉制粉系统的优化运行试验. 中国电机工程学报, 2004, 24(12): 218-221.

[222] Fan M, Brown R C. Comparison of the loss-on-ignition and thermogravimetric analysis techniques in measuring unburned carbon in coal fly ash. Energy Fuels, 2001, 15(6): 1414 -1417.

[223] Burris S C, Li D, Riley J T. Comparison of heating losses and macro thermogravimetric analysis procedures for estimating unburned carbon in combustion residues. Energy Fuels, 2005, 19(4): 1493 -1502.

[224] Styszko-Grochowiak K, Golaś J, Jankowski H, et al. Characterization of the coal fly ash for the purpose of improvement of industrial on-line measurement of unburned carbon content. Fuel, 2004, 83(13): 1847-1853.

[225] Dykstra J R, Brown R C. Comparison of optically and microwave excited photoacoustic detection of unburned carbon in entrained fly ash. Fuel, 1995, 74(3): 368-373.

[226] Fan M. Relationships among loss-on-ignition and unburned carbons as well FTIR photoacoustic spectrum of fly ashes. Fuel & Energy Abstracts, 2003, 44(6): 421.

[227] Waller D J, Brown R C. Photoacoustic response of unburnt carbon in fly ash to infrared radiation. Fuel, 1996, 75(13): 1568-1574.

[228] Fan M, Brown R C. Precision and accuracy of photoacoustic measurements of unburned carbon in fly ash. Fuel, 2001, 80(11): 1545-1554.

[229] 赵元黎. 应用光声效应检测粉煤灰中的碳含量. 光学技术, 2003, 29(1): 42-46.

[230] Brown R C, Weber R J, Swetelitsch J J. Monitoring power plant efficiency using the microwave-excited thermal-acoustic effect to measure unburned carbon. Office of Scientific & Technical Information Technical Reports, 2002.

[231] Chan K S. Characterization of unburned carbon content in coal fly ash with dielectric constant measurement. Ames: Iowa State University, 2004.

[232] Card J B A, Jones A R. A light scattering study of coal combustion in a drop tube furnace. Particle & Particle System Characterization, 1994, 11: 258-265.

[233] Card J B A, Jones A R. A drop tube furnace study of coal combustion and unburned carbon content using optical techniques. Combustion and Flame, 1995, 101(4): 539-547.

[234] Ouazzane A K, Benhadj R. Laser probe design for carbon content in ash measurement. Sensor Review, 2002, 22(4): 341-347.

[235] Ouazzane A K, Castagner J L, Jones A R, et al. Design of an optical instrument to measure the carbon content of fly ash. Fuel, 2002, 81(15): 1907-1911.

[236] Noda M, Deguchi Y, Iwasaki S, et al. Detection of carbon content in a high-temperature and high-pressure environment using laser-induced breakdown spectroscopy. Spectrochimica Acta Part B: Atomic Spectroscopy, 2002, 57(4): 701-709.

[237] Blevins L G, Shaddix C R, Sickafoose S M, et al. Laser-induced breakdown spectroscopy at high temperatures in industrial boilers and furnaces. Applied Optics, 2003, 42(30): 6107-6118.

[238] 吴戈. 激光感生击穿光谱技术测量飞灰含碳量. 热能动力工程, 2005, 20(4): 365-441.

[239] Bonanno A S, Knight K S, Kinsella K, et al. In-situ measurement of residual carbon content in fly ash. Proceedings of SPIE - The International Society for Optical Engineering, 1995, 2367: 194-201.

[240] Parus J, Kierzek J. Determination of the carbon content in coal and ash by XRF. X-Ray Spectrometry, 2000, 29: 192-195.

[241] 丁轲轲, 杨晋萍, 冯江涛, 等. 自动测量技术. 北京: 中国电力出版社, 2004: 169-170.

[242] Waller D J, Brown R C. Sensitivity and accuracy of a new instrument to measure carbon in fly ash. American Society of Mechanical Engineers, 1995, 1: 143-148.

[243] Fan M, Brown R C. Precision and accuracy of photoacoustic measurements of unburned carbon in fly ash. Fuel, 2001, 80(11): 1545-1554.

[244] Golas A J, Jankowski H, Niewczas B, et al. Optoelectronic system of online measurements of unburned carbon in coal fly ash. Proceedings of SPIE - The International Society for Optical Engineering, 2001, 4516: 267-276.

[245] 郭玉文, 王伟, 高兴保, 等. 垃圾焚烧飞灰颗粒的微观形态特征及能谱研究. 燃料化学学报, 2005, 33(6): 703-707.

[246] 李相鹏, 周昊, 岑可法. 涡结构对小颗粒在圆管背风面碰撞分布的影响. 浙江大学学报(工学版), 2006, 40(4): 605-609.

[247] 徐何伟. 红外反射法对测量飞灰含碳量的研究. 杭州: 浙江大学硕士学位论文, 2010.

[248] 徐何伟, 周昊, 岑可法. 红外反射法测量飞灰碳质量分数. 浙江大学学报(工学版), 2011, 45(5): 890-895.

[249] 陈雪平. 微波飞灰在线测碳仪的研究和系统实现. 成都: 电子科技大学硕士学位论文, 2006.

[250] Anon. Determining the Concentration of Particulate Matter in a Gas Stream. New York: American Society of Mechanical Engineers, 1980.

[251] 马永和, 李胜, 徐秋静, 等. 火力发电厂飞灰含碳量的检测. 黑龙江自动化技术与应用, 1999, 16(6): 51-55.